人生在于心安

星云大师为你道破人生的种种真相

星云大师 著

江西人民出版社
Jiangxi People's Publishing House
全国百佳出版社

图书在版编目（CIP）数据

人生在于心安 / 星云大师著 . —南昌 : 江西人民出版社 , 2015.11

ISBN 978-7-210-07178-5

Ⅰ . ①人… Ⅱ . ①星… Ⅲ . ①人生哲学－通俗读物 Ⅳ . ① B821-49

中国版本图书馆 CIP 数据核字（2015）第 260874 号

原著作名：《星云法师说禅》《星云法师解禅》

原出版社 : 台视文化事业股份有限公司

作者 : 星云法师

人生在于心安

星云大师 / 著

责任编辑 / 王华

出版发行 / 江西人民出版社

印刷 / 三河市嘉科万达彩色印刷有限公司

版次 / 2015 年 12 月第 1 版

2015 年 12 月第 1 次印刷

开本 / 700 毫米 × 980 毫米　1/16　19.75 印张

字数 / 252 千字

ISBN　978-7-210-07178-5

定价 / 39.80 元

赣版权登字 -01—2015—814

目录

第一章　人生无常，心安便是归宿

人生的快乐不在于拥有的多，而在于想要的少。财富再多，如果用不上，也便成了累赘。不要急着追求财富的数量，要先弄清自己需要什么，需要多少，然后再去追求。有目的地寻找，总要比无目的地获取能给人们更大的幸福感。

将苦活出甜味来 / 003
给心一个安定的理由 / 004
心中有灯人生亮 / 005
不求那无用的事物 / 007
心静世界静 / 008
足够就好，何必贪多 / 009
搬开心上的石 / 010
不要要求太多 / 012
不让内心陷牢笼 / 013
忘记不愉快 / 015
不怒不躁 / 016
不生错心 / 017
专注才有力量 / 019
让有限的心变无限 / 020
守好自己的心 / 022
忘情便是佛 / 023
不要让曾经打扰现在 / 024
安心就是忘记 / 026
追求内心安 / 027
心安即是道 / 028
不迷途 / 029
找自己 / 030
要喝就喝无心茶 / 031
不系身外物 / 033
用心去看人 / 034
平常心 / 035

第二章　生命的利益在于让别人快乐

人生的真正意义不在于长度，而在于质量。人生的质量不在于拥有多少，而在于帮助别人多少。想要做到这点，自然要从做个好人开始。约束自己、爱护亲友、帮助他人，让自己成为别人需要的人，让自己在别人的人生中占有一个位置，生命才算是真正的精彩。

有情才是家 / 041
将自己的时间分给家人 / 042
勇于承担 / 044
做好人 / 045
不做讨人嫌 / 047
施人玫瑰，手留余香 / 048
助人就是助己 / 050
报恩施恩 / 052
吃亏是福 / 053
真心才能换真心 / 054
善待别人 / 055
找回自己的心 / 056
善者天助 / 058
负起责任来 / 059
何必说谎 / 060
诚信是一种智慧 / 061
善有善报 / 063
好心换好报 / 064
莫贪婪 / 066
懂得担当 / 067
不去伤害人 / 068

第三章　无限的内心，才会让人生精彩

有的人，心是有限的；有的人，心则是无限的。前者是因为在内心中装下了太多不该装的东西，因此没有地方再容纳自己想要的了，因此有限；后者则是将心放空，留出足够的空间容纳情、爱和善良。前者会因为心有限，只能过枯燥的生活。后者会因为心无限，从而能体验人生的精彩。

学会转弯 / 073

拥有多不如享受多 / 074

拒绝痛苦，便是拒绝欢乐 / 075

满则亏 / 077

做事留余地，看事看透彻 / 078

活出自我来 / 079

低头做事，抬头看人 / 080

遇事要先忍、后思 / 081

一理通则百事通 / 082

做事要做透，看事要看清 / 083

不妨“呆傻” / 084

山不过来，就走过去 / 086

换个角度 / 087

付出就是收获 / 088

给予即是交换 / 090

跳出问题找答案 / 091

信念即是力量 / 093

先付本钱 / 094

不迷眼 / 095

所想即所要 / 096

第四章　一念放下，万般自在

放下不是丢失，而是舍弃。舍的是那些于我们无用的，会给我们带来烦恼的。将这些舍弃后，自然剩下的就是满足和快乐了。人生并不是拥有多便快乐多，只有拥有自己想要的东西多才会有快乐。那些于我们无用的，放下就好，不要让它牵扯自己的精力，给自己造成负担。

每一个当下，都是美好的未来 / 101
学会加减 / 102
善待时间 / 104
彻底忘记，才能获得重生 / 105
何必等将来 / 107
专注当下 / 109
养身莫善于寡欲 / 111
人生就是放下 / 112
人生一念间 / 114
成功前的干扰，最折磨人 / 115
心空世界稳 / 117
心诚则灵 / 119
不设枷锁 / 120
适当放下 / 121
放下即是福 / 122
去闲名 / 124
去做喜欢的事 / 126
学做真洒脱 / 127
一念放下，自然美好 / 129
一切随缘 / 130
来自任他来，去自随他去 / 131
何必生气 / 133
我有我之福，他有他之幸 / 135
让生活慢下来 / 136
任他去 / 137
接受突然的失去 / 138

第五章　通过努力得来的，才有价值

林语堂说：“鹤足的挺拔之美是逃离危险的结果，熊掌的雄壮之美是捕捉食物的结果。”只有在努力、追逐中展现出的美，才最动人。也只有通过自己的奋斗得来的东西，才真正有价值，能给人带来更多的满足和快乐。

懈怠毁掉你的当下与未来 / 143
得到别人得不到的 / 144
行动即知识 / 145
自爱方有人敬 / 147
追逐想要的 / 149
做好自己最重要 / 150
做人生的主人 / 151
坚持就是胜利 / 153
要想，更要做 / 154
滴水石穿 / 156
努力得来的才有价值 / 157
用心提升生命的质量 / 159
路要自己走 / 160
看不如说，说不如做 / 162
事事努力尽心，不求万全 / 163
不要别人的钱 / 165
不念无因果 / 166
未经炼狱，怎见天堂 / 168
不畏艰难 / 170
时时存储 / 171
自己的事情自己做 / 172
撒种才有粮收 / 174

第六章　真心对待生活，生活才会真心对待你

生活就像一面镜子，你对它笑，它便对你笑；投它以认真，它才会回报以认真。如果用稀里糊涂的态度去面对生活，得到的必然是一塌糊涂的人生。认真不是古板，而是一种精益求精的态度。只有精致，才能提升生活的品质。

平等最安全 / 179

用心做好一点点 / 180

不做名利的奴隶 / 182

活好每一天 / 183

结交能带来快乐的人 / 185

将物质看淡，人生才能快乐 / 186

量力而行，量情而诺 / 187

不轻言轻信 / 189

跟快乐做朋友 / 190

过犹不及 / 191

真心为念 / 193

不做钱的奴隶 / 194

白得的饭菜不香 / 195

一呼一吸 / 198

不入梦境 / 199

生活面目 / 200

生活无高低 / 202

去做就好 / 203

多看如意处 / 204

真才是好 / 205

孝与天齐 / 207

找到自己的“菩提树” / 209

心静处处静 / 210

不执迷于答案 / 212

生活的智慧 / 213

莫着急 / 215

本性不漏 / 216

第七章　困难是阻碍，也是人生的考验

困难是折阻，也是考验，从中能体验到痛苦，也能获得成长。不要惧怕困难，困难不是人生的毒瘤，而是人生的调剂。怎样面对这调剂，便有怎样的人生。乐观面对它，它就是一个插曲；悲观面对它，它便成了人生的障碍。

用心才能成就自我 / 221
努力就是缘 / 223
聪敏不如认真 / 224
不怕苦，只怕不能吃苦 / 225
信心在，未来就在 / 227
头脑有，才能得到 / 228
牢记目的 / 229
想是什么，便是什么 / 231
不放弃 / 232
不怕考验 / 233
做个掌棋人 / 235
不畏愚笨 / 236
不找借口 / 238
找准时机 / 239
最大的成就是坚持 / 240
笨鸟要先飞 / 241
不怕花时间 / 243
地狱与天堂 / 245
专则成 / 247
没有不变的圆满 / 248
平常的话语最值钱 / 249
因境而变，随情而行 / 251
有头寻头 / 252
时时自省 / 253
好事不如无事 / 255

第八章　心安世界稳，知足无烦恼

心空世界明，心安世界稳。烦躁带给人们的不仅是心的波动，还可能是人生的波动。冲动从来都不是豪气，冷静地面对才能显现出豪气。让自己的心安，冷静面对一切，自然想要什么便得什么。

佛亦狂 / 259
不以貌相取人 / 260
莫伤悲 / 261
推己及人 / 263
害怕就说出来 / 264
没有不可原谅的错 / 265
修行不易 / 266
懂得万物的好 / 268
泥中莲花 / 269
开垦心中的荒田 / 270
看清全局 / 272
见云知雨 / 273
莫强求 / 274
有心才有气质 / 275
给人机会 / 277
人溺己溺 / 278
将钱看得淡些 / 280
不自弃 / 281
学会包容 / 282
不限人生 / 284
学会选择 / 285
尊重自我 / 287
婆子烧庵 / 289
寻找内在的财富 / 290
摩尼珠 / 292
佛法非法 / 293
人无贵贱 / 295
莫言征服山 / 297
学会找朋友 / 298
不自欺 / 300
莫等父母老去 / 301
说该说的话 / 303
欲望吃人 / 304

第一章 人生无常，心安便是归宿

人生的快乐不在于拥有的多，而在于想要的少。财富再多，如果用不上，也便成了累赘。不要急着追求财富的数量，要先弄清自己需要什么，需要多少，然后再去追求。有目的地寻找，总要比无目的地获取能给人们更大的幸福感。

将苦活出甜味来

一位得道禅师每到天寒时，天不亮就会早早起来，然后径直走进厨房，熟练地生火、烧水、煮粥。

寺院僧人很多，需要熬上满满的一大锅粥，这要花费很长时间，可老禅师从不会厌烦，每次都耐心地等着。

等到僧人们醒来的时候，清甜的粥香早已顺着热气充满了厨房，飘到了院子里。

这时候，僧人们会伴着这熟悉的香气陆陆续续地起床，他们洗漱完毕后，来到厨房，接过禅师盛起的满满一大碗热粥喝了起来。

有一位学僧见禅师每天都是如此忙碌，甚是心疼，有一次忍不住问禅师："天气这么冷，您又何苦这么操劳呢？"

老禅师语重心长地说："现在天气这么冷，让大家喝些热粥，心中有些热气，这样修起佛来才不会伤身体。"

学僧听完不禁对老禅师敬佩有加。

生活，活的就是一个态度。态度不对的人，会将好日子过得烦闷而劳累。态度对的人，会将苦日子过得甜蜜而美满。

有些人有钱，但想不开，将钱看成是最重要的东西，总是疑神疑鬼，觉得身边的每个人都是奔着他的钱来的。这样的人，态度不对，钱不仅没给他们带来好处，反而成了负担。他们的行为，便是将好日子过成了闷日子。

有些人穷苦，但内心负担小，他们也想有钱，却看得很开。他们会努力去赚钱，但不会将钱看成是一切。这样的人赚到钱的时候会开心，赚不到钱的时候也不气馁，而是明天起来依然斗志昂扬。这就属于态度对的，是将苦日子过成了好日子。

做人就做那态度对的，不做那态度错的。

给心一个安定的理由

佛陀住世时，舍卫城中住着一位名叫须赖的赤贫佛弟子。虽然他生活贫穷却寡欲知足，丝毫不把贫苦放在心上。

须赖艰苦卓绝、一心向道的愿行，使他善名远播。忉利天主释提桓因忌妒须赖的修行，怕他取代自己的位子，于是用神通化出一群人，向须赖住处走去。

须赖在家突然听到门外有人谩骂嘲笑他。然而，他丝毫不为所动，不发一语地继续禅修着。化身人见状，改以刀杖瓦石破坏须赖的住处，危害他的身体，但须赖仍然安忍于他们的迫害与侮辱，甚至对他们心怀悲悯。

释提桓因见不能动摇须赖，便化身成另外一个人，对他说："他们要来杀害你了，怎么办？"

须赖淡淡地回答："善有善报，恶有恶报。假若有人来杀我，我不会恨他，也不会报复他，反而会同情他。因为将来他会自作自受，得到堕落恶道的果报。"

再次失败的忉利天主决定采用利诱的方式，他变化出一座金光闪闪的七层宝塔，并诱惑须赖收下金塔。

"谢谢你的好意，但我自知今生的贫困乃是前生所种下的因。假若现在又轻易接受了这座金塔，来世恐怕会更加困苦了。"

释提桓因还不甘心，又现另一个化人，试图以人情说服他收下价值连城的珍珠，无奈又被拒绝了；释提桓因又派美艳无比的天女下凡，以美貌来诱惑须赖放弃修行，同样是无功而返！

最后，释提桓因终于按捺不住了，亲自以真身来到人间问须赖：“请问大德，究竟你所追求的目标是什么？是怎样的愿心，让你对修行如此坚定呢？忉利天主之位是大家所渴望的，莫非你也想追求？”

须赖摇摇头说：“我所衷心企求的，只是令世间所有苦难的众生出离苦海而已，再无其他。”

忉利天主听到须赖的答复，深受感动，欢喜赞叹他能以无比的悲心愿力，难行能行，难忍能忍，即发愿带领诸天护持须赖的愿力及修行。

须赖不为外界所动，是因为他找到了自己真正所爱。因为对喜爱之物的坚定，让他可以忘记其他。别人做不到这般，便是因为还没有找到自己最爱的东西。

很多人今天喜欢这个，明天喜欢那个，并不全是因为性情不坚定，更多的是因为还没发现自己真正在意的是什么。深入自己的心，找到自己真正的喜爱，自然不会再因无法选择而困扰，也不会有今天喜好这个明天喜好那个的烦恼了。

想要让心安定，先要给它一个安定的理由。这个理由找到了，心自然就安定了。

心中有灯人生亮

小尼姑问师父：“师父！我已经看破红尘、遁入空门多年。我也坚持每天吃斋礼佛，暮鼓晨钟。可近来却发现经读得愈多，心中的杂念反而也愈多，该怎么办？”

“点一盏灯，使它非但能照亮你，而且不会留下你的身影，你就可以通悟了！”

几十年过去了……

有一所尼姑庵远近闻名，大家都称之为万灯庵，因为庵中点满了灯，成千上万的灯。人一旦走入其间，便仿佛置身一片灯海，灿烂辉煌。

这万灯庵的住持，便是当年的小尼姑。她虽然如今年事已高，并拥有上百名徒弟，又广受信徒的爱戴，但她仍然不快乐。她每做一桩功德，就会点燃一盏灯，但无论把灯放在脚边，悬在头顶，甚至于用一片灯海将自己团团围住，还是会见到自己的影子，而且灯愈亮，影子便愈明显；灯愈多，影子也愈多。

老尼姑一直被师父的那一句话困扰着。

一天晚上，一阵风刮来，吹得老尼姑身旁的灯忽明忽暗，于是她站起身来走向窗户，想把它关上，这时风更大了，一下子就把房里的灯全都吹灭了。

黑暗中，看不到影子的老尼姑终于开悟了。

有光就有影，这是每个人都知道的事情。但小尼姑的师父却让她找一盏没有影子的灯。这时，这灯便不是外在的灯了，而是内心中的灯，即善良，它可以照亮别人，又不会留下自己的影子。

小尼姑开始不明白，直到灯都灭了，才领悟了其中的道理。因为屋内虽然无光，但她仍认为屋子内点满了灯。之所以这样，是因为她的心中有灯。

每个人都要在自己的内心中点燃一盏灯。它可以是善良，可以是坚强，也可以是博爱。有这灯在，不仅可以照亮我们身边的人，还能给我们力量。心怀梦想、有一份善念的人，必然是有力量的。这份力量源于我们无我，更源于我们心中念着他人。

不求那无用的事物

一次诵经法会上，佛祖给大家讲了一个故事：

一位富人有四个妻子：第一个活泼可爱，整日陪在富人身边，寸步不离；第二个妻子是富人抢来的，倾国倾城，却不苟言笑；第三个妻子则整天忙于打理富人的生活，将家中大小事务管理得井然有序；第四个妻子任劳任怨，工作勤奋，终日东奔西跑，很少在家，富人甚至忘记了她的存在。

富人生病即将去世时，把四个妻子叫到床前，问："平日里你们个个都说爱我，如今我就要死了，有谁愿意陪我一起去阴间呢？"

第一个妻子说："我就不去了，从前一直都是我陪在你身边，现在该换她们了。"

第二个妻子说："我是迫于无奈才嫁给你的，活着的时候都不情愿，更不要说陪你去死了！"

第三个妻子说："我虽然很爱你，但我已经习惯了这里的生活，换个环境怕会不适应。"

富人非常伤心，他近乎绝望地看着第四个妻子。

第四个妻子说："我是你的妻子，不管你到哪里去我都会陪着你。"

富人心中一震，既感动又愧疚，他看着第四个妻子，含笑而去。

佛祖开释说："这富人本就是芸芸众生中的你们，他的四个妻子就是你们拥有的财富。第一个妻子指的是你们的肉体，生来不可剥离，死时却注定分开；第二个妻子指的是你们的金钱，生不带来，死不带去；第三个妻子指的是你们现实中的妻子，活着的时候相敬如宾、举案齐眉，死的时候依然要分道扬镳；第四位妻子指的则是你们的自性，人们常常忘记了她的存在，而她却永远陪伴着你。"

那些身外之物，是我们的，但也不是我们的。人们常说拥有广厦三千，睡觉也不过三尺宽。那广厦三千归我们所有，却不能为我们所用。因此，它是我们的，也不是我们的。不过，大多数时候，人们还是会被其所累。辛苦一生，只为得到更多的、却用不上的东西。这便是人生的累赘了。

而对于我们的自性、我们的真心，则少有人关注。其实那才是我们的本真，是我们最为珍贵的东西。拥有良田千顷，不如有一颗善良、真挚的心。只要心安，居陋屋一样能得快乐；若是心不安，总想着心外之物，住高楼大厦一样会烦躁不满，惦记着这高楼大厦之外还有更多不属于我们的高楼大厦，这便是给自己的心增加负担了。将那些高大的建筑压在自己的心上，心自然会累了。

心静世界静

一位官员被革职遣返，心中苦闷，无处排解，便来到了禅师的法堂，寻求指点。禅师静静地听完了官员的倾诉，将他带入禅房。

禅师拿起桌上的一瓶水，微笑着对官员说："这瓶水已经放在这里许久了，几乎每天都有尘埃和灰烬落在里面，但它依然是澄清透明的。你知道这是什么原因吗？"

官员思索片刻，顿时有所悟："我懂了，灰尘都沉在瓶底。"

禅师点了点头，开释道："世间烦恼之事数不尽，那些想忘却忘不掉的，索性记住就好了。就像这瓶中水，如果不停地震荡，会使一瓶水都不得安宁，从而搅动了底部的尘埃，呈一片混浊；若让它们慢慢地、静静地沉淀下来，反而得一片澄清。"至此，官员恍然大悟。

想要忘记和记住一件事，是有相通点的，就是这件事时常会出现在自己的头脑当中。一件刻意想要忘记的事，总是会被我们时时想起。这时候，那件我们想要忘掉的事情，反而带给我们更多的烦恼。想要将这烦恼消除，坦然面对它就可以了。

任何的刻意都是要不得的。刻意忘掉一件事，会被这件事所叨扰。刻意避开一个人，那么便会时刻注意这个人，从而让这个人曾经给我们带来的烦恼不停地在脑海中出现。每出现一次，那曾经的烦恼就好像又折磨了我们一次一样。

真正的解脱不是遇喜事不惊，而是遇烦恼而心不动。能克制住我们内心的无名之火，能够坦然面对那些我们不喜欢的人和事，才是真的不动。

想要幸福，就要有一颗澄明的心，心静了，一切就都能静了。如果心不静，那么人生必然会陷入烦恼。

足够就好，何必贪多

据《杂宝藏经》载，有个珠宝商人叫比舍，他不仅懂得经营，同时也是一个经验丰富的航海家。有一次，比舍带领五百名商人驾着几艘船入海寻宝。他们一路顺遂，很快便到达了珠宝产地。

商人们登岸后，看到遍地的宝石，贪心顿起，不断地搬运。转眼间，所有的船都被耀眼的珠宝装满了，但那些商人仍不满足，眼看船只都要被压沉了，依然想要多装些。

比舍看到不堪重负的船只，不断劝告大家不能超载，可是被贪欲迷惑的人们根本听不进他的劝告。他们宁死也不舍一粒珠子。无奈之下，比舍只好把自己船上的宝石全都抛弃，之后驾驶着空船与满载而归的船队一起离开。

果然，船队刚刚入海，那些超载的船便全都向水下沉去。幸好还有比舍的空船，他将五百名客商护救出了海。

当五百名商人坐着比舍的船到达大陆后，一个神出现在了海面上，他说比舍宅心仁厚，感动了上天，因此上天决定将比舍抛弃的珠宝全都还给他。

比舍失而复得，十分欢喜。他看着其他人憔悴烦恼的样子，于心不忍，于是又把自己失而复得的珠宝与众人平分了。

见财富而不迷，才是真正的境界，也只有这种态度，才能真正获得财富。如果太过看重财富，便会被蒙蔽住眼睛，从而看不见那些隐藏在财富后面的危险。等到危险真正降临的时候，往往再想躲避已经晚了。

从古至今，无数人因为类似的情况而遭遇了灾祸，但世人依然冲不破这种财富观。之所以如此，不外乎一个“贪”字。

要懂得，贪婪并不是获取财富的方式，而是丢失财富的方式。这世界自有它的内部规律，每个人该得多少，什么时候所得，都是有规律、有定数的。努力到了，自然得到；如果没有相应的努力，而想要求太多，自然得不到。

搬开心上的石

一个小和尚心中有疑问，始终找不到答案，便去问老和尚。

小和尚问：“僧人皈依佛门，四大皆空，讲究一种虚静。那么，我们来世上一遭，究竟是为了什么呢？究竟还有什么是属于我们的呢？”

老和尚答：“为了自己的心啊。属于我们的太多太多了，自由的身心、超脱的意念，以及蓝天白云、这山那水。”

小和尚依然一脸疑惑。

老和尚看着小和尚困惑的样子，又补充说："当一个人四大皆空时，这世间的一切就都是他的了。见山是山、见水是水，梦游四海、思度五岳，我们还有什么不可以企及的呢？"

小和尚又问："那尘世间的人们不也拥有这些东西吗？"

老和尚说："不！有钱的人，心中只拥有钱；有田产的人，心中只惦记田产；有权势的人，心中只关注权势……他们的心中只有自己最为看重之物，除此之外再无其他。"

小和尚终有所悟。

人常以为物为我所有，却不知我亦为物所累。我们牵挂的、在意的，往往也是我们的负担。

桂琛禅师曾为法眼禅师讲道，他指着路边一块大石头问："大德常说三界唯心，万法唯识。请问这一块石头在你心内还是心外？"

法眼禅师回答："依唯识学讲，心外无法，当然一切都是唯心所想，唯识所变，这石头在我们的心内。"

桂琛禅师反问："你在外面行脚云游，为什么要在心上放这么一块大石头？不觉得累吗？"

我们所牵挂的就是心上的石头，这石头会压得人喘不过气，也会迷住人的双眼。一心向利者，利便迷住了他的眼睛，致使他只顾追逐利益，而忘记了欣赏身边人送来的温馨和美好。等到获取了足够的利，他却发现那些曾经送来美好的人已经不在了。于是便开始用钱去买，这时不仅买不到真心的好，反而更加劳累。

不要让自己的追求成为获取快乐和自由的障碍，追求是让人放松身心、是为我们提供幸福的。若是那追求占据了我们整个身体，迷住了我们的眼睛，便该回头想想，自己的追求是否正确了。

不要要求太多

有一位禁欲苦行的修道者，准备离开他所住的村庄，到无人居住的山中去隐居修行。

苦修者走的时候，只带了一块布以防衣服破损，用来缝补，然后就一个人到山中搭了一间茅草屋，独自居住起来。不久，他发现茅屋里有一只老鼠，经常趁他打坐的时候来咬他的破布，弄出的响动会影响到他。

苦修者早就发下誓愿，要一生遵守不杀生的戒律，因此他不愿去伤害那只老鼠。最后，无奈之中他又回到村庄，向村民要了一只猫。得到了猫之后，他又想："我曾立誓不杀生，因此是不能让这只猫来吃老鼠的，那样便违背了当初的誓言，招来它不过是想吓走老鼠，还我一份清静。可是如果不让猫吃老鼠的话，该让它吃点什么呢？总不能跟我一样只吃一些野菜吧！"

于是苦修者又向村民要了一只奶牛，这样那只猫就可以靠牛奶为生了。在山中居住了一段时间以后，苦修者又发现自己每天都要花很多时间来照顾那只母牛，从而没时间修行了，于是他又回到村中，找了一个流浪汉做他的仆人，来帮他照料奶牛。

仆人来了之后，苦修者又帮着搭了一间茅屋，仆人在山中居住了一段时间之后，跟修道者抱怨："我跟你不一样，我不是修行的人，我需要家庭、需要妻子。我要过正常人的家庭生活。"苦修者想一想也有道理，他不能强迫别人一定要跟他一样，过着禁欲苦行的生活，于是……

一年以后，苦修者修行的山上，变成了一个热闹的村庄。

修行者修的是心，不是环境。一个有心的人，身处闹市，一样能静心养性，修道成佛。一个心内不净的人，即使在毫无生迹的深山，一样无法修行。之所以有此差别，在于看不开、放不下。

内心有欲念，自然会被那欲念所累，从而让自己陷入纠结和矛盾。就像众所周知的故事。一个国王想要一双象牙筷子，可是一位睿智的大臣听了却表示反对。他的理由很简单，一双象牙筷子花费不了多少钱。可是有了它便会觉得只有金银的盘碗才能配套，有了金银的盘碗自然不能穿普通的衣服，而是要最上等的材料。衣服考究了，便只有奢华的宫殿才能相配了……如此下去，必定大兴土木、劳民伤财，最终导致国库空虚。

这大臣不是危言耸听，而是见微知著。人要懂得满足，要能放下一些东西。不要被外界的执念所累。如果太过于追求一些执念，总是要陷入矛盾当中的。

不让内心陷牢笼

一个人在二十多岁时因为被陷害，坐了十年牢。后来冤案告破，他也被无罪释放了。出狱后，他开始了几年如一日的反复控诉、咒骂："我真倒霉，在最年轻有为的时候竟遭受冤屈，在监狱度过本应最美好的一段时光。那样的监狱简直不是人居住的地方，狭窄得连转身都困难。唯一的细小窗口里几乎看不到阳光，冬天寒冷难忍；夏天蚊虫叮咬……真不明白，上帝为什么不惩罚那个陷害我的家伙，即使将他千刀万剐，也难解我心头之恨啊！"

七十五岁那年，在贫病交加中，他终于卧床不起。弥留之际，一位德高望重的禅师来到他的床边："已经过去那么多年了，你为何还如此耿耿于怀呢？"

禅师的话音刚落，病床上的他声嘶力竭地叫喊起来："我怎么能释怀，那些将我陷于不幸的人现在还活着，我要诅咒，诅咒那些施予我不幸命运的人……”

禅师问：“你因受冤屈在监狱待了多少年？离开监狱后又生活了多少年？”他恶狠狠地将数字告诉了禅师。

禅师长叹了一口气：“你真是世上最不幸的人，他人囚禁了你区区十年，而当你走出监狱本应获取永久自由的时候，你却用心底的仇恨、抱怨、诅咒，囚禁了自己整整四十年！”

禅师说完，老人猛地怔住了，之后泪流满面。

有人说，世上充满了牢笼，有的是可见的，有的是无形的，有的是外人施加的，有的则是自己划定的。关闭囚犯的，就是可见的，外人施加的牢笼。人们都惧怕这可见的牢笼，因此控制自己的情绪，努力不犯错误。但很多人却看不见那内心的自己给自己设置的牢笼，那才是我们真正应该去看视的。

生活中，人们常常会抱怨。小和尚因为做错了事被师父责骂而心生不满，从而时时回忆那场景，觉得师父太过严苛；下属会因为领导的一顿责骂，而怀揣愤懑，从而在背后痛恨领导；我们常会因为不讲理的陌生人无故打了我们一拳而心怀怨恨，不住回想当时的情境，从而诅咒那人……

我们觉得，这是生活的常态，我们就是要记住这些，要去抱怨这些，去恨这些“不公”。却不知，这正是我们在内心给自己划定的牢笼。小和尚抱怨一次，回想一次当时的情境，就相当于被师父又责骂了一次；下属抱怨了一次，也相当于在内心又被领导责罚了一次；同样，每当我们恨那人的时候，也便相当于他在我们的心上又打了一拳。

如果是我们自己做错了事，那么就要勇于承担起责任来，而不要去抱怨别人。如果是别人做错了事，那么我们就忘记它，不要让它成为我们的困扰。过自己的生活，不要用别人的错误来惩罚自己。

忘记不愉快

一天，一位禅师正要开门出去时，突然闯进一位身材魁梧的大汉，狠狠地撞在了禅师的身上，把禅师的眼镜都撞碎了，还戳青了他的眼皮。撞人后，那大汉不仅毫无羞愧之色，还理直气壮地说："谁叫你戴眼镜的？"

禅师看了看大汉，笑了笑没有说话。

大汉颇觉惊讶，问："喂！和尚，你不生气？"

禅师借机开释说："我为什么要生气呢？生气就能使眼镜复原吗？生气就能让身上不痛吗？倘若我生气，必然会生起事端，从而造成更多的业障及恶缘，也不能把事情化解。若是我早些或晚些开门，就能够避免一切事情的发生，说到头来，其实自己也一样有错。"

壮汉闻言非常惭愧，朝禅师拜了又拜，问了禅师名号，便离开了。

后来有一天。禅师收到了一封信，是那次撞他的莽汉寄来的。信上说，他已经改掉了急躁的毛病，开始与人为善了，并因而找到了一个合适自己的工作，再也不像以前，总因为跟同事发生矛盾而被辞退。

宽容是一种美德，更是一种力量，很多时候，也是一种智慧。所谓流水不可追，光阴不再来。很多事情过去了也就过去了，即使再怎么做，也不会重新来过。我们跟人交往也一样，别人犯了一个小错误，我们生气，可是又有什么用呢？那事情已经过去了，我们再生气也不能让时间重新来过，不能改变已经成为事实的现状。因此，真正聪慧者，要的是现实的快乐，而不是总跟过去狠狠较劲。

当别人不小心踩我们一脚的时候，不要生气，如果他说对不起，回报他一个微笑；如果对方无所表示，过去了也就算了。倘若因为这点小事生气，不仅医不好脚痛，反而会跟那人吵起来，让自己受到更多的伤害。这又何必呢？为什么要跟一个不懂礼貌的人去吵架？那岂不是自己找败仗吃吗？

人生最重要的，便是现在，把握当下的快乐，才是我们该去做的。不要因为刚刚过去的不愉快弄得现在的我们也变得不愉快。这样不是在争面子，而是在用别人的错误惩罚自己。

不怒不躁

印度波斯匿王的王后末利夫人，是一位一心礼佛的善者。她平时穿着极为朴素，并且从来不装扮自己。更重要的是，她多年以来恪守戒律，不食荤腥也不沾酒水，而且每天都对佛祈祷。但有一天她却突然穿上华美的衣服来到了国王面前，恳请国王准备一桌上好的酒席用以享乐。

波斯匿王见王后如此，既惊奇又欢喜，虽然心中也有很多困惑，但依然按照王后的请求准备了丰盛的酒席。在二人品尝人间美食的过程中，国王忍不住问王后今日为何突然变了想法，想要饮酒、吃肉了。他实在是太想知道王后今天为何如此反常了，王后听了国王的问话后，回答说："最后一顿如此丰盛的美味，当然要和国王同享了。"

"为什么是最后一顿？"国王诧异地问。

"我听说这位很会做菜的厨师，明天就要被砍头了。以后岂不是就吃不到这么好的菜了吗？不过既然他触犯了您，也是死有余辜。"王后边饮酒，边漫不经心地回答。

国王这才想起昨天打猎归来后，因为自己心情不好，而这位御厨恰恰怠慢了自己，于是便下了命令要杀他。现在想想，那其实不过是一件小得不能再小的事情罢了。于是，国王便赶紧下令饶恕了那厨师。同时国王也明白了王后的一番良苦用心，那以后，他再也不胡乱发火了。

佛家所谓的清净，便是要学会控制自己的情绪，不要让自己被情绪左右，从而做出让自己后悔的事情来。一个僧人，情绪控制的能力有多强，法力就有多大。

僧人需要长时间的苦修才能得道，说明了完全控制自己的情绪有多难。不过，虽然很难，也不能因为害怕吃苦就不去做。不管是谁，都要有一定的控制情绪的能力。

当遇到挫败的时候，不要被情绪左右，要振作起来，勇敢面对。当面对突然而来的荣誉的时候，不要太过张扬，要低调起来，保持清醒。当遇到不公的时候，也要控制住自己的情绪，不要冲动，要冷静，以免让事情变得更糟糕。

一个人的成就往往是跟他的情绪波动成反比的，情绪波动越小，越容易做成大事情，也越容易达到自己的目标。

不生错心

舍卫国里有一个老人，和自己的儿子相依为命，日子过得十分艰苦。后来老人受到佛陀教义的启发，就和儿子一起出了家，老人做了比丘僧，他的儿子成了小沙弥，于是两人不再是父子，而成为师徒。

这天，老比丘带着小沙弥去化缘，师徒俩不知不觉越走越远，等他们想到要回去时，天已经快黑了。师父年纪大，走得很慢，徒弟就上前来搀着师父走。

天越来越黑，当他们来到一片树林中时，已经黑得伸手不见五指了，只能听见师徒俩行走的脚步声和树叶的沙沙声，还有从远方传来的各种野兽凄厉的嗥叫声。

小沙弥知道树林中常有野兽出没，为了保护师父，就紧紧抱住师父的肩膀，连扶带推地快步向树林的边缘走。

师父年老力衰，又东奔西走了一整天，早就累得走不动了，再加上看不清楚道路，一个踉跄跌倒在地，头刚好磕在硬石头上，一下子就死去了。

小沙弥看到师父倒在地上，赶忙把他拉起来，可是见他没什么反应，才发觉师父已经死了。小沙弥不禁大吃一惊，失声痛哭！

天亮以后，小沙弥独自一人回到寺庙。

寺里的比丘们知道事情的经过后，纷纷谴责小沙弥：

“你看！都是你不小心，害死了自己的父亲。”

“就是说嘛！竟然把自己的父亲推去撞石头，真是个不孝子！”

小沙弥有口难辩，心中很委屈，就去找佛陀诉苦。

佛陀让小沙弥坐下，说道：“你要说的话我全都知道了，你师父的死不是你的错。”

话虽如此，但小沙弥还是眉头紧皱，无精打采的。

佛陀看了，微笑着继续说：“我讲个故事给你听吧！从前有一个父亲生了重病，儿子很着急，到处求医问药。每天他服侍父亲吃过药后，就扶父亲上床躺下，让父亲睡个好觉。可是他们住的是一间茅草屋，地上非常潮湿，引来许多蚊蝇，整天嗡嗡地飞来飞去，打扰父亲睡眠。儿子见父亲在床上睡不着，马上找来苍蝇拍到处追打蚊蝇，却怎么也打不完。”

“儿子又急又气，转身抄起一根大棍子对着空中的蚊蝇拼命追打。恰巧有一只蚊蝇落到了父亲的鼻子上，儿子一时没看清楚，慌忙一杖打去，父亲就这样被棍子打死了。”

佛陀停了一会儿说：“孝顺的儿子在无意中伤人性命，只能算是一个意外，不能因此指责儿子是杀人犯，否则就冤枉他了。”

佛陀看到小沙弥听得很认真，似乎有所感悟，就进一步问：“你使劲推你的师父，是怕师父遭到野兽的袭击，想赶快离开树林，并不是心存恶念，故意要伤害他的性命，是吗？”

小沙弥点头称是。

佛陀说：“我讲的故事和你所经历的事有些不同，但道理是一样的。佛法是慈悲的，你安心修行吧！”

小沙弥听了佛陀的话，心中获得了安慰，从此更加勤奋修行了。

世间最可怕的并不是做错事，而是生错心。事情做错了可以弥补、可以改正；可是如果心错了，就没办法了，只能在错误的道路上一直走下去。

小沙弥做错了事，但是没生错心，所以虽然师父的死他有责任，但并不该受到太多的责罚，这跟故意伤害师父是有着本质的区别的。

我们做人，就要做那不生错心的人。我们对人也要分清是错事还是错心，不要因为别人有那么一丁点的错误，就将对方看成是十恶不赦的坏人。要懂得从对方的角度去想，要明了他们为什么犯错，是做了错事，还是生了错心。

如果仅仅是做了错事，而我们却给予大大的惩罚，反而容易让人心灰意冷，生出错心来。如果对方真是生了错心，那么就要给予惩罚了。

我们要用错心、错事的标准要求自己，也要用这个标准衡量别人。克制自己只许做错事，不许生错心，也要原谅别人的错事，惩罚他们的错心。

专注才有力量

过去无量劫的时候，一有佛出世，大家就都先供佛然后再求法。那个时候，释迦牟尼佛还没得道，他很穷困，没有钱供佛。最后，他左思右想，终于想出卖身供佛的办法。于是，就来到大街上叫卖自己的肉身。

巧的是，还真有人需要肉身的。原来，那人得了一种怪病，看了很多医生都不知病在何处。最后遇到一个年老的游医，说能治好他的病，但方法很奇怪，需要每天吃三两人肉。

看到释迦牟尼佛在卖身，那人非常高兴，凑过去问道："我给你五枚金币，你可以每天给我三两人肉吃吗？"释迦牟尼佛听后立即应允了，但是要求病人先付金币给他供佛闻法，然后再割肉。病人满口答应，并立即付了五枚金币。释迦牟尼佛拿着这笔钱供完佛、闻过法后，就开始每天从身上割三两肉给病人吃，这样持续了一个月，病人的病才痊愈。

从自己身上每天割三两肉下来，这是多么痛苦的事情，可是释迦牟尼佛却说，自己每天在割肉的时候都会念佛所说的偈，这样注意力都转移到佛法上来了，痛苦便不自觉，渐渐地，身体也在这种不知不觉中恢复了。

人有所想、所思、所牵挂，便能集精力于一处，这样即使外部发生再大的变动，也无法撼动他。佛陀是真心向法，佛法是他心中所念，因此虽然每天割肉三两，他却不觉得疼痛，这便是专注的作用。

不管做什么事，专注都是最重要的。专注于理想，理想便能成；专注于事业，事业便会有大的发展；如果专注于学习，那么成绩自然能上一个台阶。不是专注给人提供了力量，而是专注让人集中了精力，所有精力集中在一处，自然能够释放更大的能量。

精力都是有限的，如果太过分散，自然力量就更小了。

让有限的心变无限

高峰妙禅师住在山洞里，每天以野果为食。

很多人对他这样的修行方式十分不解，于是问他："野果有什么好吃的呢？”

高峰妙禅师说：“野果比任何山珍海味都要美味。”

那人又问：“你看你，住在这个山洞里，乱糟糟的，头发长长了也不梳理。”

禅师说：“我连烦恼都没有，还需要梳理什么？”

“你一年到头就这身衣服，为什么不备一套换洗的呢？”

“佛法慈悲，道德这身衣服就足够了。”

“你总要洗洗澡吧？”

“我的心一干二净，不需要洗澡。”

“你没有朋友，没有爱人，你不觉得孤单吗？”

高峰妙禅师指指外头：“看见花花草草了吗？大自然的一切都是我的朋友。”

那人猛然醒悟，高峰妙禅师的生活才是自在的、洒脱的。

心是无限的，可纳虚空；也是有限的，装不下太多累赘事物。悟道的人会让有限之心无限，烦恼者则让无限之心有限。

所谓让有限之心无限，便是放下那些不必要的干扰和烦恼，让自己的心获得空灵，以容纳更多的东西。而让无限之心有限，便是往内心中填装太多东西，反而让自己想要的无处容纳。

禅师的心是无限的，那提问的人心是有限的。那人之所以有限，在于心内装下了太多的东西。他不懂吃饭是为了吃饱，而去贪图口舌之欲，并因此而去追求山珍海味。这些东西是难以得到的，也是会分散精力的。一味追求的结果，很可能是花了不少的力气，反而没有得到。此时回头想想，才会发现，因为太过执着那些东西，而让自己浪费了时间，弄得想做的事情也没有做成。这便是在内心中装了太多不该装的，从而让无限的心变得有限了。

不要让不能得到的东西填充我们的内心，那样不仅占据了我们的精力和时间，让我们无法去做自己喜欢的事情，还会因为最终的失败让我们陷入悔恨和恼怒。

要明了内心的所想所要，将心真正放下，那样才能让自己的心从有限变成无限。一颗无限的心，必然能够为我们创造无限的世界。

守好自己的心

有一天，佛陀带着弟子们到王舍城去托钵。路过一家染布店的时候，佛陀停了下来。他站在店铺的旁边，专心地看着染布师傅染布，直到整个染布的过程结束后，佛陀才继续向前走。

回到精舍，佛陀问随行的弟子：“今天外出，有什么感想和收获吗？”

一个弟子回答：“城里很繁华，很热闹。大家都很忙碌，有的忙于出售，有的忙于购买。”

佛陀又问：“这么多人在忙于买卖，你们从中看出些什么呢？”

另一个弟子答道：“买和卖的目的都是生存。”

“对！”佛陀点点头，“除了生活需要滋养之外，我们的心灵也需要滋养。”

弟子们十分好奇，问佛陀：“要用什么来滋养我们的心灵呢？”

佛陀说：“今天，我看到染布店的师傅，他的身上沾染了很多的颜色，但是最后却染出了一匹洁白的布，那个过程他非常地细心，就是为了不让布匹被染脏。”

众人终于明白佛陀白天的时候为什么会在染布店停驻了。

佛陀接着说：“其实修行也一样。我们处在这个浑浊而又复杂的世界，最重要的是要保持心的纯净，我们原有的本真。就像那块白布，若不是小心地呵护，即便染布师傅的技艺再好，它的色泽也不会有之前那么好。所以，我们要学染布师傅，要像他呵护白布那样呵护我们的心。”

心是坚强的，可以容得下世界；心也是脆弱的，些许风吹草动就能伤害它。决定它是否坚强的不是它自己，而是我们。

我们让心强大，心便强大；我们让心脆弱，心便脆弱。关键在于如何去呵护自己的心，将它视作我们的依靠，小心翼翼地去保护，自然能够让它坚强起来，为我们容纳风雨。如果不用心呵护自己的心，而是不管什么事物都往里装，那么心便会被撑得满满的，再也容不下其他。那时候，我们的心便容易受到伤害了。

让心空灵，才能有更大的空间。去呵护它，不要让尘埃落到心上，它纯净，我们才能有未来。

忘情便是佛

一位游行的云水僧走到一座荒山的时候，碰到了一只饿虎，云水僧遥望四周，根本没有藏身之处，心急如焚。

也许是天见可怜，正在云水僧不知如何是好的时候，他的眼前突然出现了一口枯井。云水僧欣喜若狂，赶忙奔到井边，低头一看，果然是上天垂怜，那井边正好有一根藤，一直伸到井中，于是他便顺着藤往井下躲。等饿虎赶到井边的时候，云水僧已经进到井中了。

不料，当他快要到井底时突然发现井底竟盘着四条毒蛇。蛇吐着红芯子，昂头盯着他。云水僧一瞧不妙，不敢再往下行，只好攀着藤挂在半空，想着等老虎走了之后再爬上去。

可是，上天好像突然不垂怜于他了，正当他想松一口气时，突然发现两只老鼠出现在了井口附近，正在咬他的救命藤。一旦这藤被咬断，他将跌落井底，受粉身碎骨与毒蛇咬噬之苦。可是如果爬上去赶走老鼠也不可行，老鼠所在的位置挨近井口，爬到那儿肯定会被饿虎发现，即使躲过了饿虎的扑咬，也难免因一时慌乱掉进井底。一想到此，云水僧便惧怕异常，无所适从。正当此时，一群蜜蜂从井口飞过，滴下几滴蜜来，恰恰落在云水僧的嘴边。他伸出舌头舔了舔，甜味丝丝入心。这一下，云水僧竟开心得忘记了他正身处险境。

这云水僧便是后来有名的空见禅师。

人有七情六欲，那是我们可能产生的正常情绪，也是很多人的业障。云水僧遇到的一只猛虎、四条毒蛇、两只老鼠便是七情，这是上天在考验他。他能忘掉七情，欣赏蜂蜜的甜美，说明他已经可以控制情绪，能够自由感知自己的快乐了。这样的境界，自然得道。

有些事是我们所不能左右的，像悲伤、烦闷、躁动等，它们会不时地来打扰我们，搅乱我们的心神，让我们的生活、工作不得安宁。这些是很难避免的，一个真正有境界的人，便是可以忘掉这些，而去感受那突然而来的甜蜜瞬间。

我们不能左右天气，却可以决定自己的心情。大自然的未知和生命的无常是我们所不可抗拒的，但我们可以选择一个好心情。心情好了，天空自然就晴朗了。

不要让曾经打扰现在

《增一阿含经》中记载了这样一个故事。

波罗奈国文荼王最宠爱的夫人去世了，他整日忧愁，茶饭不思。沉浸于悲痛中的国王很是颓废，整天待在自己的房间里，甚至连国事都不过问了。见到这种情况，那罗陀尊者便劝他说：“佛陀劝诫世人说，求得永生不死这样的念头是世间最不可能实现的五法之一。如果我们能看透死亡，就能够得到解脱。如果我们总因死亡而忧恼，就会被外事外物所困扰。那样，死亡便等于伤害了我们多次，第一次是带走我们的亲人，第二次、第三次便是搅乱了我们的心神，让我们这些活着的人也不得安生。大王，您现在因宠爱的夫人死亡，便怀愁恼，不食不饮，不治王法，不理王事，岂不正是被死亡折磨了很多次吗？它带走了您的爱人，您却依然要受它摆布，可悲！可叹！”

接着，那罗陀尊者劝解说，世间不老、不病、不死，不失去所爱等不可得，如欲得之则思：

失爱之苦并非只有我一人遭受，其他的人也有这样的经历。我一直沉浸于这样的愁绪中一点儿也不明智。因为这样只会让亲者痛，仇者快，让那些活着的亲人为自己担心，却让那些讨厌我们的人快乐。我们不进饮食，最终会让生命受损，甚至折寿，空空浪费了大好生命。只有忘记，之后坦然处之，忧苦之刺才能拔除。

波罗奈国文荼王听完之后恍然大悟，“所有愁苦今日永除”。

要做我们想做的，更要做我们该做的。因亲人离去而悲伤是我们想做的，收拾心情继续前行便是我们该做的。要有悲伤，但不能执拗于悲伤。

很多事情是不可再来的，亲人离去不会再重生，机会流失也不能再来过。要为那离去的亲人悲伤、要为那流失的机会失望，但不要执着其中。该做的是将自己满腔的亲情用在还在世的其他亲人身上，给他们更多的关爱；将自己的全部精力放在那可能出现的机会上，提升自己掌控机会的能力。

人是需要向前看的，而不是一味向后看。向前看，便有一个美好的未来，向后看，则满眼都是失落的曾经。不要让曾经绑架现在，要用现在去创造未来。

安心就是忘记

正光元年十二月，有一位名叫神光的禅僧，为了向达摩求法，通宵站在洞外不动。

达摩有感于他的诚意，出来问："你一直站在雪中，究竟有什么心愿？"

神光回答："但愿师父打开甘露之门，拯救众生，度我这个凡人，请您教我佛法吧！"

达摩说："诸佛觉悟前，为求无上的悟道，不惜花费无限的时间去修行、苦练。你凭极小的决心，怎么能求到大法，我想你是很难如愿的。"

神光听罢，取刀断臂，以表示自己的决心。

达摩见状，说道："诸佛为求法，不把身体当身体，不把生命当生命。你断臂求法，也是一种很好的行为。"

神光说道："请师父为弟子安心。"

达摩回应："你先将心拿来给我，我为你安心。"

神光疑惑："回师父，我已寻了很久，可是我找不出心来。"

达摩开释道："假如你能够找到的话，那又怎能算是你的心呢？我已经给你安好了心，你懂了吗？"

神光恍然大悟："明白了。诸法本来空寂，因此菩萨才不动念，不动念才能登涅槃之岸。"

于是，达摩收神光为弟子。

找不到心，便是安心。如果自己的心连自己都不知道在哪儿，那说明它真正安全了，也安静了。就像东西一样，我们藏在了一个自己都找不到的地方，自然就没人能够找到了。

很多人都不能安心，是因为有太多无谓的牵挂。就像东西，其实放在我们所设定的绝对安全的地方，也是不会被人偷的，但有些人还是会特别在意，怕别人来偷。这时候，这样东西就成了他的牵挂，就会给他带来烦恼。

心也一样，忘掉它，才是真正让它安定的方法。把那些烦恼放掉、把那些怨念放掉、把那些纷扰放掉，自然就能换来一颗安定、宁静的心。

追求内心安

宋代汾阳有位善昭禅师，深得佛法奥义，修行真挚涅槃，有大德行。善昭禅师为人极为低调，他曾自我揶揄说："我不过是一个混日子的粥饭僧。传佛心宗，并非我的职责。"

当时许多僧人、官员都仰慕禅师的大德，都想听大师讲述佛法，开启世人。这些人前后请了大师八次，求他出来讲法开释，然而他都坚卧草庵，不肯出山。

那时候，得道僧都喜欢云游四海，四处看繁华事态，寻觅优雅风景，但善昭禅师却是一个异类，他很少出行，时人也经常因为这点而批评他，说他缺少禅者的潇洒与韵味。

面对那些无理的指责，善昭却严肃地说："自古以来，祖师大德行脚云游，是因为圣心未通，道业未成，所以驱驰丛林，以求抉择，而不是为了游览山水，观风望景。那以观风景为目的而去云游的僧人，不是真僧人，他们参拜的不是佛祖，而是花木。真正的得道也不是潇洒，而是心静。"

出家人不慕繁华乃是本分，留恋于繁华乃是歧途。真正的心静是独处净室而不觉得烦躁，不是身处深山，被景色所迷恋。后者的净，是外物带来的，前者的净才是发自内心的。

那些以为出家人必须要到深山老林寻找清净的，是不懂佛的；那些认为只有去深山修炼才能成佛的，是没悟道的。真正的道，是安放自己的心，而这份心安，来自于内在的力量。

人生百年，不过一梦。何必管他繁华还是萧条，又何必在意明天和过去。活好现在，把握当下就可以了。未来是明天的事，过去是昨天的事，而我们身处的是今天。倘若连今天都过不好，又谈什么明天和未来。倘若连今天都过不好，那留恋昨天又有何用！

真正安心之后，自己便是无限风景，此时，我们站在哪儿，哪儿就是旖旎风光。若靠风景才能获得心安，那么便是心还没有安，即使身处美妙的大自然，一样只是短暂的安宁。等到离开后，那大批的烦恼一样会重新占据我们的内心。

心安即是道

有一位年轻和尚，一心求道，希望可以成佛。但是，他苦修参禅多年，却没有一点儿进步。

这一天，年轻和尚打听到某深山中有一个破旧的古寺，那里的住持是一个老和尚，修炼圆通，堪称得道高僧。于是，年轻和尚打点行装，跋山涉水，千辛万苦来到老和尚面前。见面后，两人打起了机锋。

年轻和尚："请问老禅师，你得道之前，做什么？"

老和尚："砍柴担水做饭。"

年轻和尚："那您得道之后又做什么呢？"

老和尚："还是砍柴担水做饭。"

年轻和尚于是哂笑："如此说来，那何谓得道？那道又于你何益？"

老和尚："我得道之前，砍柴时惦念着挑水，挑水时惦念着做饭，做饭时又想着砍柴的事；得道之后，砍柴即砍柴，担水即担水，做饭即做饭。这就是得道。"

年轻和尚听后，若有所悟。

所谓得道即安心。心安了，便是道，心不安，便没有道。道的真谛不在于万法圆融，而在于禅定心静。足够专注，便是道的前身。

不管做什么，想要做好，都要专心、专注，把所有精力放在当下，自然能够将事情做好。

如果手里做着今天的事，心里想的是昨天的遗憾，或者明天将要遇到的困扰。那么不仅没有一个好心情，连手上的活也做不好。这样，不仅失了情绪，还耽搁了事业。

专注于当下，把今天的事、手头的事情做好，就是最大的道。

不迷途

崛多禅师游历到太原定襄县历村，看见神秀大师的弟子结草为庵，独自坐禅，便走上前去，问："你在干什么呢？"

那僧人回答："参禅打坐，探寻清静。"

崛多禅师又问："你是什么人？清静又为何物呢？"

僧人知道遇到了高人，于是起立礼拜，请教道："这话是什么意思？请你指点。"

崛多禅师没有直接回答，而是反问：“为什么要探寻清静呢？何不探寻自己的内心？心不在，让谁来给你清静呢？”

僧人听罢，恍然大悟。

人们常常顾此而失彼，愿意将手段当成是目的本身，从而去坚持，却不知，这份坚持是没有任何益处的，不但浪费了我们的时间，还会迷惑住我们的眼睛和心灵。

就像佛家著名的故事，如何从千尺之井中出来。很多人执着问题的答案而陷入了迷思。禅师见到弟子的模样后，大喊了一声徒弟的法号，那弟子应了一声，禅师说：“哆，出来了。”弟子从此契悟。

这两个故事是一样的，都是执念于问题本身，而忘了自己真正想要做什么。

有人追求幸福，觉得有钱才会有幸福，于是便开始追求金钱。结果，导致自己用牺牲幸福的方式去获取钱财。这也是将手段当成目的的典型。

我们要了解自己所做的，更是要记住自己所要的。只有牢记目标，在努力的路上不迷失，才能达到终点。若是太过执拗于实现目标所需要的手段，那么便是陷入歧途了。

一定要记住，一个人想要实现自我，达成自己的目标。那么，他可以忘记从哪里出发，但绝不能忘记自己要去哪里。

找自己

一天，释尊禅师在寂静的树林中打坐。突然，从远方传来了一对男女的争吵声。

过了一会儿，一名女子慌张地从树林中跑了过来，那女子跑得太专注了，以至于从释尊禅师面前过去，却没发现禅师。过了一会儿，从那方向又出来一名居士模样的男子，他速度稍慢，发现了禅师，于是走到释尊禅师面前，气急败坏地问道："你有没有看见一个女子经过这里？"

禅师没有回答，而是反问道："有什么事吗？为什么你这么生气呢？"

男子目光凶狠地说："那个女人是一个小偷，她偷了我的钱，让我抓到的话，我是不会放过她的！"

释尊禅师问道："年轻人，找逃走的女人与找自己，哪一个更重要呢？"

青年男子没有明白禅师的意思，一时不知如何回答，站在那里，愣住了。

"找逃走的女人与找自己，哪一个更重要呢？"释尊禅师再问。

青年男子眼睛里流露出惊喜的神色，他在一瞬间醒悟了。青年低下头，脸上的怒气早已消失了，重新洋溢着平静的神色。

人们常说，动怒是用别人的错误来惩罚自己，这话是不错的。那男子一副居士模样，想必也是进行过修行的，自然有一定的情绪控制力。可是仅仅因为被人偷了钱包，便气急败坏，遇到大师也没有一副好模样，不就是因为别人的错误而惩罚自己吗?

他先是丢了钱包，又因为丢钱包这事而丢了自己的修行，这自然是划不来的。

别人常常会无理地惹恼我们，这时候不要去生气，更不要对谁都是一副气急败坏的恼火模样。那么做的话，不仅受了委屈，反而丢了形象，更是丢了我们的气度。别人犯错，不是我们犯错的理由，控制好自己的情绪，才是真正于我们有益的。

要喝就喝无心茶

著名的一休禅师有一个叫珠光的弟子，他有打盹的习惯，因此经常在公共场合中失态。为了解决这个问题，珠光听从了医生的建议，开始喝茶。这样做果然有效，而珠光也因此渐渐喜欢上了喝茶。在他看来，喝茶是应该遵循一定的礼节的，在这样的思想指导下，珠光创立了“茶道”，并享有“茶祖”之誉。

有一天，一休禅师问茶祖珠光：“你喝茶时用的是什么心态呢？”

珠光答道：“我为健康喝茶。”

一休禅师又问：“赵州禅师对向他请示佛法大意的学僧说‘吃茶去’，这件事情你怎么看？”

珠光默然不语。

接着，一休禅师让人送来一碗茶。珠光刚刚接过茶，一休禅师便将珠光手上的茶碗打落了，而珠光一动也没动。不一会儿，他向一休禅师道谢，起座要离开。

一休禅师叫道：“珠光！”

珠光回头道：“弟子在！”

一休禅师问道：“茶碗已打落在地，你还有茶喝吗？”

珠光两手做捧碗状，说道：“弟子仍在喝茶！”

一休禅师不肯罢休，追问道：“你已经准备离开此地，怎可说还在吃茶？”

珠光诚恳地说道：“弟子到那边吃茶！”

一休禅师再问道：“我刚才问你喝茶的心得，你只懂得这边喝，那边喝，可是全无心得，这种无心喝茶，将是如何？”

珠光沉静地答道：“无心之茶，柳绿花红。”

于是，一休禅师大喜，便授予印可，珠光完成了新的茶道。

禅宗大师告诉世人，住即不住，不住即住。无所住，即是住。意思是，忘记了住，才是真正的住。珠光的无心之茶也是此意。

所谓无心之茶就是清凉之茶，平静之茶，指的是内心平静，因为平静，心就仿佛不存在一样，即为无心。

不管做什么事，都要追求一个无心的境界，也就是平静的境界。达到这个境界后，便可专注于事物本身而不去想其他的。那时候，自然能够做出最好的成绩来。

不系身外物

一个云游的高僧送给至诚禅师一个漂亮的紫砂茶壶，至诚禅师非常珍爱这个茶壶，每天都要亲自擦拭。打坐之余，便会亲自用紫砂茶壶泡壶好茶，品茶参禅，静心修佛。

有一天，禅师与远道而来的高僧交流佛法，留下一个小和尚打扫禅房，小和尚擦拭师父珍爱的紫砂茶壶时，想到这是师父最珍爱的东西，不禁十分紧张，害怕给弄坏了。结果因为过分紧张，竟失手将紫砂茶壶摔碎了。小和尚自觉闯了大祸，于是战战兢兢，捧着碎了的紫砂茶壶，背着藤条，跪在佛堂里，等待禅师归来后，接受处罚。

至诚禅师回来后，了解了情况，然后扶起小和尚，淡淡地说道："碎了就碎了。"

旁观的小和尚不明白："师父不是很珍惜这个茶壶吗？为何茶壶碎了却是满不在乎的样子？"

至诚禅师说："茶壶已经碎了，后悔有什么用呢？后悔能让茶壶复原吗？既然如此，何苦沉浸在后悔中，得不偿失呢？而且，茶壶再好，也不能因为它而去责怪身边的人啊！"说罢依旧闭目参禅。

茶壶再好，也不过是一个用具，没了也就没了，如果实在喜爱，再去买一个来就好了。而身边的人，才是最重要的。因为一个身外之物，去责罚身边关爱我们的人，才是最大的不当。

身外之物，给我们提供的仅仅是方便，身边的人，给我们的才是真情。不要让方便挤占了真情，不要因为在身外物上花费太多时间而冷落了朋友、亲人。别人给我们的情才是人生最为宝贵的东西，它好过一切能给我们提供方便的工具。

用心去看人

唐朝的时候，有一位名叫李翱的朗州刺史，非常崇仰药山惟严禅师的德行。

一天，李翱去拜访禅师。

当他到达的时候，禅师正在树下阅读经书，没有看他一眼。虽然一旁的侍者提示禅师，可是禅师仍专注在经卷上。

李翱终于按捺不住，愤愤地说了一句："见面不如闻名。"说完以后，本想拂袖而去，不料此时，药山惟严禅师冷冷地说道："刺史何贵耳贱目？"

意思是，你听说我这个人很了不起，便亲自来探访。待亲眼见到了，就觉得不过如此。

短短的一句话，使李翱心有所动，于是转身拱手致歉，并问道："如何是道？"药山惟严禅师以手指天再指地，问李翱说："会吗？"李翱说："不会！"禅师就说："云在青天水在瓶。"李翱听了以后顶礼，并且说了一首偈语："炼得身形似鹤形，千株松下两函经；我来问道无余说，云在青天水在瓶。"

今天的社会，人与人初次见面时，总喜欢说："久闻大名。"其实心中可能在想"不过如此"，这就是"贵耳贱目"，所谓"见面不如闻名，闻名不如死后说好”也是此类。

闻名是在内心勾勒图画，见面是用现实构建图画。前者为虚，是我们的想象；后者为真，是正在发生的事实。这一虚一实之间，便是“见面不如闻名”。

其实不是那人不如传闻般优秀，而是我们勾勒的画面未必真实，也未必就在此刻。就像李翱，他在心中勾勒的是一个得道的高僧大德，可亲眼所见的，却是一个孤傲的老和尚，自然心生疑惑。

有这份疑惑，并不是李翱不识人，而只是认知的错位。高僧大德自然有高僧大德的风采，但他们也是人，也有人的正常喜怒，不可能时刻保持威严，那样反而是道法不够了。禅师的大德风采在传佛讲道之中，而不在念经、吃饭之间。李翱看到的是看书的禅师，不是讲道的禅师，自然看不到那份风采。

我们也一样，听到的或许是别人学问上的精进，或许是德行上的高远，或者是智慧上的深邃。可第一次相见的极可能是对方大快朵颐的吞咽，哪怕这吞咽胜过虎狼，也不能证明他们无才、无德、无智，若因此而产生“见面不如闻名”的想法，那反而是我们浅薄了。

看人要看全部，不要以点带面去否认一个人。看人也要用平常心，不要用内心刻意设定的标准去评判人。

平常心

龙牙山的居遁禅师参禅很久，为求大彻大悟、明心见性，有一天，他诚诚恳恳去终南山翠微禅师处参禅。但一住多月，均未蒙翠微禅师召见开释。

有一天，他走进法堂问道：“学僧来到禅师的座下参学已经好几个月，为何禅师不开释一法？”

翠微禅师听了以后，反问道：“嫌什么？”

居遁禅师听了这一句话，得不到要领，只好告别，又往德山向宣鉴禅师学法。

居遁在德山一住又是好几个月，也不得要领。有一天，他鼓起了勇气问宣鉴禅师说：“学人早就心仪德山的禅风，但是我已来到这里好多时日，却得不到禅师的一句佛法。”

德山禅师听了以后，也回答道：“嫌什么？”

此二位宗师所答不谋而合，居遁禅师仍不得要领，不得已，就又转往洞山良价禅师处参学。

有一天，居遁禅师问洞山良价禅师道：“佛法紧要处，乞师一言。”

洞山良价禅师告诉他道：“等洞水逆流的时候再向你说。”龙牙居遁禅师听了这一句话，终于大彻大悟了。

所谓洞水逆流，根本是不可能的，所以，洞山良价禅师的言外之意便是，佛法本无紧要处，平常心即可。居遁禅师逛了一圈，又回到了原点，他由平常入佛，又因佛法归于平常。不过这两个平常之间却大有不同，前一个是平常的俗世家人，后一个是归于平静的禅门师祖。这其中变化，便是禅的境界。

佛家常说，怀平常心、做平常事便是佛祖所为。于是有人怀疑，普罗大众，做的都是平常之事，有的也是平常之心，那么他们是佛吗？有此问者，不懂佛，也不懂人生。

平常心，平常事，是要有参照的。一个乞丐，终日喝井水，是平常事，喝水时，也抱着平常心。但这平常心和平常事无助于他，也无法提升他的境界。因为这未必是他自愿的选择，而是他生活的一部分。若是一日这乞丐成了富甲一方的豪者，面对美酒佳肴，依然觉得井水好喝，才有点平常心的味道。若是他竟然做到了在众目之下，也以喝井水为乐，别人觉得与其身份不符而质疑时，他能平静对待，说自己只此一好，才是真正的平常心与平常事。

所谓境界，是能忽视世俗的评价而按自己的意愿行事。一个显贵蹲在路边喝汤，会觉得羞愧，便是没有平常心，没有境界；若能旁若无人，便是有境界。但世间人，大都是那会羞愧者，而做不到随心所欲。

要明白，不管做什么事，最关键的是我们从中得到的体验和乐趣。我们做事是为了让自己快乐，而不是为了让别人看着舒服。如果因为怕别人看不起，从而不愿坐在路边摊子上喝自己那最喜欢的汤，损失的是自己，同时也没有成全别人。为了一个路人的喜好，而放弃自己最最喜欢的事情，是最愚昧的。人生在世，平常心对待即可。

第二章 生命的利益在于让别人快乐

人生的真正意义不在于长度，而在于质量。人生的质量不在于拥有多少，而在于帮助别人多少。想要做到这点，自然要从做个好人开始。约束自己、爱护亲友、帮助他人，让自己成为别人需要的人，让自己在别人的人生中占有一个位置，生命才算是真正的精彩。

有情才是家

一个皇帝想要整修京城里的一座寺庙，他派人去找技艺高超的设计师，希望能够将寺庙整修得美丽又庄严。大臣们找来了两伙人，其中一伙是京城里很有名的工匠与画师，另外一伙则是几个和尚。由于皇帝不知道到底哪一方手艺更好，就决定设立一个测试，具体考验一下他们。他将两伙人分别带到一座需要整修的小庙，并给了同样多的钱让他们随意支配。然后让他们分头进行，修整小庙。

工匠们拿到钱后，买了一百多种不同颜色的漆料，还有很多装修用的工具；和尚们则只买了一些抹布与水桶等简单的清洁用具。

三天之后，皇帝来验收。他首先看了工匠们所装饰的寺庙——一座五颜六色、金光璀璨的寺庙。

皇帝满意地点点头，接着去看和尚们负责整修的寺庙。刚进庙门，皇帝就愣住了。这座小庙没有涂上任何颜料，而只是把所有的墙壁、桌椅、窗户等都擦拭得非常干净，寺庙中所有的物品都显出了它们原来的颜色，而它们光亮的表面就像镜子一般，反射出从外面而来的色彩。天边的云、摇曳的树，甚至是对面那金碧辉煌的寺庙，都变成了这个简陋小庙美丽色彩的一部分。在正殿中，正有很多香客在虔诚地向佛祖跪拜。

皇帝问和尚：“你们把钱花在哪里了？”

领头和尚合掌答道：“陛下，那些接受了您的施舍的流浪者，正在佛前为您祈福！”

皇帝被深深地震撼了。

真正震撼人的，从来都不是色彩，而是感情。一座豪华的大楼会让人惊艳，但惊艳过后，也就没有什么了，甚至经过天长日久，人们会将这惊艳当成是稀松平常的景象。而且，大楼再过豪华，也有凋败的一天。一座不起眼的小屋，是人所不喜欢住的，可是那里如果有爱我们的父母、有我们爱着的妻子、儿女，那么它便能震撼我们的心灵。哪怕时间流逝，只要这里的人不变，我们对这茅屋的情感就不会变。

这就是人情，大楼有凋敝的一天，但人情却是历久弥新的。

不光房屋如此，做事也一样。力求外在，奋力将事情做得面面光的人，往往能够得一时辉煌，却经不住时间的考验。而那些用心做事，努力去还原事情的本来面貌，不愿将心思花在事情外面的人，或许一时无法得到人的赏识，却能经受住时间的考验。他们就像是金子，虽然会暂时被埋没在沙土之中，但总有一天会因为自身的光芒而被人所发现并重用。

将自己的时间分给家人

有一天黎明，佛陀进城。

在路上，佛陀看见一个男子，向着东方、南方、西方、北方礼拜着。

佛陀问他："你为什么这样做啊？"

男子说："我叫作善生，每天向各方礼拜，是我们家族传下来的习惯。祖上说坚持这样做就会得到幸福。"

佛陀说："我也有六种礼敬的方法，同样能帮人获得幸福，你要听一听吗？"

男子很感兴趣，便要求佛陀讲给他听。

佛陀说："第一，孝顺父母：做儿女的对父母要孝养、顺从，要让父母欢喜、安慰，不要让他们伤心；第二，敬重师长：做学生的要敬重师长，虚心接受老师的教导；第三，爱护妻子：要体恤自己的妻子，不要让她受到伤害，夫妻要互相敬爱；第四，善待朋友：对待朋友要诚实、互敬，朋友有难要伸出援助之手；第五，尊敬僧众：对待僧人要布施、恭敬，不要嫌弃他们，更不要冷遇他们；第六，善待仆人：对待仆人要宽大，不要令他过分疲倦，要给他们足够的尊重。做到了这六样，便会有快乐的家庭、美满的人生。否则，只是礼拜各方，有什么用呢？"

善生听了十分高兴，从此参禅悟道，心中的幸福感日益增多。

为人要义，在做，不在说。但做也要做对方向，如果方向错了，还不如不做。就像善生，不懂得幸福是要靠自己经营的，而去求诸外事外物。这样的做法，不仅不能得到幸福，反而会让家庭更加松散。因为将时间都用在礼拜四方上，自然就没有多余的精力去照看家人了。从而导致家人之间的疏离也不难理解了。

很多人都以为，有了事业之后，家庭才能幸福；有了地位之后，家庭才能幸福。却不知，这是非常错误的想法。家庭真正的和睦和幸福不在于有多少外在的财物，而在于有多少共同相处的时光。将时间都用在别处了，自然没办法获得家庭的幸福。家人真正需要的是陪伴而不是供养。

然而很多人不明白个中道理，总是发下个宏愿，要怎样怎样才回到家中跟家人在一起。却不知，等到愿望实现的时候，家中早已经没有了当初的温馨和甜蜜。那时候，后悔就来不及了。

家人最需要的不是钱财，也不是一个人地位给他们带来的虚荣，他们真正需要的是时间，抽出时间来陪伴他们，自然合家欢乐。

勇于承担

归省禅师担任住持期间，由于遭遇旱灾，很少有人能拿粮食来布施这些僧人，僧人们只能每天喝粥吃野菜，一个个面黄肌瘦。

有一日，归省禅师照例外出化缘，法远就召集大家取出柜里储藏的应急用米做起粥来，粥还没做好，归省禅师就回来了，小徒弟们害怕师父责骂，一下就消失得无影无踪。归省禅师看到法远居然把应急用的米都用了，十分生气，责备道："谁让你这么做的？"

法远毫无惧色地说："弟子觉得大家面如枯槁，无精打采，于是就把应急用的米拿出来煮了，请师父原谅。"

归省禅师严厉地说："依规打三十大板，驱逐出寺！"

法远默默地离开了寺院，但他没有下山，而是在院外的走廊觅了个角落栖息了下来。无论刮风下雨，都不曾动摇他向佛的决心。

归省禅师有一次偶然看见法远在寺院的角落睡觉，十分吃惊，问道："你住这里多久了？"

"已经半年多了！"

"给房钱了吗？"

"没有。"

"没给房钱你怎么敢住在这里！你要住，就去交钱！"

法远默默托着钵走向市集，开始为人诵经、化缘，赚来的钱全部用来交房钱。

这时，归省禅师笑着对大众宣布："法远乃肉身佛也！"

后来法远继承了归省禅师的衣钵，将佛学发扬光大。

佛法一脉，在于担当，有一颗担当的心，也便有了佛性。法远之道法，皆在担当。

犯错之后，坦然接受寺规责罚，是担当；不离寺庙，最后化缘还房钱，则是更大的担当。

其实，犯错并不可怕，可怕的是犯错之后不敢面对造成的结果，不敢承担相应的责任。人与人的分别不在于是否犯错，人也没有不犯错的。人与人之间真正的差别在于犯错之后的态度，那些勇于担当者，多半能够实现自己的梦想；那些犯错之后试图逃避，或者极力掩饰者，则多半会失败。

原因无他，犯错之后极力去改正，极力去担责，是终结错误。犯错之后不敢承认或极力掩盖，则是错上加错，是在继续犯错。犯了那么多的错，怎么可能不被人知道，又怎么可能获得别人的理解呢？

很多时候，承担自己所犯的错误其实并不可怕。真正害怕的人，不过是在内心给自己设置了太多的障碍。他们只想到，自己犯了错，别人知道了会批评自己，却不知，用错误掩盖错误的做法，不仅最后掩盖不住错误，反而会遭到更大的批评。

不要觉得自己比众人都聪明，从而用错误掩盖错误，那是最不明智的。

做好人

作恶多端且杀生无数的鸯掘摩罗，在皈依佛门、加入比丘群后，知道过去所做的恶业太多，必定要受上天的磨难，于是请求佛陀给他一段时间，接受身心的考验。

他独自前往荒郊野外，无畏于日晒、雨淋、风吹，在树下静坐，累了就到洞里休息。吃的是树根、野草，穿的是破布衣服，最后甚至破烂到遮不住身体。可是无论是炎炎夏日，还是凛凛寒风，都不能动摇他修行的心志，可以说他是苦人所不能苦、修人所不能修。

这样的日子过了很长一段时间，有一天，佛陀告诉鸯掘摩罗：“你身为比丘，应该走入社会人群中去。”鸯掘摩罗听从了佛陀的话，跟其他比丘一样到城里托钵了。

然而，人们看到他就厌恶，不但大人们辱骂他，连小孩看了他都纷纷躲避。鸯掘摩向一位怀孕的妇人托钵，那妇人忽然肚子疼痛不已。

鸯掘摩罗回到精舍，将经过告诉佛陀。“受人厌弃、咒骂，这些我都不在意，因为我以前做过太多坏事，这是我罪有应得；但是，那位怀孕的妇人一看到我，连胎儿也不得安位，我实在是不忍，我该怎么做才能解除她的痛苦？”

佛陀要鸯掘摩罗再回那户人家，向妇人腹中的胎儿说：“过去的我已经死了，现在我重生在如来的家庭，已经守戒清净，再也不会杀生了。”果然，当鸯掘摩罗将此话对那位妇人反复说了三次后，妇人腹中的胎儿就安定下来了。

此后鸯掘摩罗走入人群托钵，仍然会被人用石头和砖块扔，甚至被棍子打，但鸯掘摩罗都没有怨言，也从不躲避。

有一天，佛陀看鸯掘摩罗全身是血，而且都青肿了，心疼地对他说：“你过去造的恶业确实很多，所以得长期接受磨炼。你要时时把心照顾好，耐心地接受这份果报。”

鸯掘摩罗平静地说：“我过去杀生太多、作恶多端，是罪有应得。只要我不迷失道心，即使生生世世要接受天下人的身心折磨，我都愿意。”

佛陀听了很安慰，赞叹并勉励他自我觉悟，磨尽一切罪过。最终，鸯掘摩罗比丘修成了正果。

人一生的福报是有定数的，如果作恶太多，总有遭到报应的时刻。那份报应不仅是天道轮回，更是人事的法则。人有向善之心，不仅在于天有好生之德，更是因为只有大家共同向善，我们的生活环境才能更加美好。

那些作恶者一时没受到惩戒，不过是时候未到，天报还没有降临到他的头上，人们也并未真正发现他的大恶之处，所以暂时没有去责罚他们。

做人就要做一个好人、一个善良的人。这不仅为了心安，更是为了不遭受报应和众人的白眼。

鸯掘摩罗因年少轻狂，犯了错误，最终导致众人尽皆唾弃他，便是例证了。

不做讨人嫌

这天，一个人闯进了云峰禅师打坐的房间，他猛地推开门，随后又猛地关上。进屋后，他踢掉鞋子，径直朝着云峰禅师走来。

云峰禅师闭目继续打坐。

那人十分生气，问禅师为什么不理会他。

云峰禅师想要点化一下他，便说："你返回去，重新再进门一次，我便理你。当然，你得先去请求门和鞋子原谅你刚刚的行为才可以。"

"什么？"那人大声吼道，"你疯了吧？我为什么要门和鞋子原谅？再说了，那双鞋还是我的。怪不得人家说修禅的人都是不可理喻的，你这番荒唐的话，算是让我见识了。"

云峰禅师喝道："那扇门没有碍着你，你为什么要那么粗鲁地对它？你的鞋子更是和你没有仇，也没有对你发怒，你为什么又要对它发火？既然对它发火，请求它的原谅又有什么不行？你出去，如若不求得它们的谅解，也就不要再进来了。"

那人被这一喝给喝醒了。于是他重新走回门口，满怀悔恨地抚摸着那扇门。当他走到自己的鞋子面前时，还没有鞠躬道歉，泪水已经爬满了脸庞。

人总是有无数的怨气，有的来自于别人的无理，有的则来自于内心的无名之火。情绪控制好的人，会将这怨气化解掉，但有些人却将之发泄到了无关者的身上。

前者是佛道的有缘人，后者是禅门的方外客。有缘人可修道悟佛，方外客只能看佛叹息，无所成就。

控制情绪，其实是一种修行。做到了这修行，不仅不会再去伤害无辜的旁人，更是有利于提升自己的形象。

我们都不愿意别人无故地将怨气发泄到我们的身上，其他人也一样，跟我们有着同样的想法。那么可以想见，当我们无故伤害别人的时候，那人的心里该有多么恼火。

做人，要做一个有礼节的人，不要做那讨人嫌。

施人玫瑰，手留余香

有一个地方的首富，很有钱，却不快乐。让他感到烦恼的原因有很多。首先是亲戚朋友常向他借钱，却往往是有借无还，这让他很伤心，于是便不再借钱给别人。后来他花钱请戏班子唱戏，让大家去看。结果，那天晚上回家后，发现自己的家竟让人给盗了。从那以后，他再也没有邀请过大家。他始终想不明白，自己对别人这么好，为何竟然得到这样的回报。从那以后，他便越来越不快乐。

有一天，富豪家来了一位云游僧。他便把自己的苦闷跟那僧人说了，祈求得到僧人的指点。但僧人听完他的话后笑了，说：“我有一个快乐的秘方，不过放在山上的庙中了，如果你跟我去拿到秘方，保证你快乐。不过去山上的路很远，你得带上足够的盘缠。”

富人迫不及待地答应了。就这样，他带上充足的银两后跟僧人出发了。路真的很远，他们走过了一个又一个村庄，翻过了一座又一座高山。在这期间他们遇到了很多穷人，僧人每次都是毫不犹豫地让富人掏出钱施舍给穷人，富人不断地往外掏钱、布施，最后，口袋里的钱已经所剩无几了。这时，富人开始有点儿担心了，自己拿到秘方后怎么回来呢？

僧人看出了富人的心思，便说：“不必担心，我保证你到时能顺利到家。”富人点点头，接着跟僧人走，没多久，就把剩余的盘缠也毫无保留地施舍给了穷人。

最后，他们终于来到了庙中。等休息片刻后他便问僧人讨要快乐的秘方。僧人说：“我已经把秘方给你了啊！”

富人很惊讶，说：“你什么时候给我的，我怎么不知道啊？”

僧人笑笑，然后说：“早就给你了，只不过你没有察觉。”

富人感觉好像上当了，便说：“我现在想要回家了，你给我些盘缠让我回去吧！”

僧人又笑笑：“我早就给你了啊！”

这时富人才知道，自己被人骗了。他一气之下离开了庙，下山去了，一赌气跑出了很远。当他来到一个小山村的时候已经又渴又饿，要走不动了，但他的口袋空空的，他不知道如何是好。

这个时候，一个老农从他眼前走过，一眼就认出他来了，惊讶地说：“哎呀，这不是我的恩人吗？你怎么会变成这个样子？”富人想不起自己对这个老农施舍过什么，但老农已经把他当亲人一样看待了。就这样，热情的老农把他领到家中过了一晚，第二天给他带了些干粮，送他到大路口才回去。

就这样，富人一路回家。在途中，每当他遇到困难的时候，就会有人来帮他，而且都对他特别好，这让他感到又惊又喜。自己的心情也越来越好，越来越快乐。这一路上，他身无分文，都是受着人家的施舍快乐地回到了家。

回到家中，富人回想起这一去一回的旅程才恍然大悟，高僧真的把快乐给了他，只不过自己开始并不知道而已。

施人玫瑰，手留余香。一个愿意帮助别人的人，境遇总不会太差。不过还是有人不愿意对困境中的人伸出援手。有的是怕对方不给自己回报，有的则是害怕对方反而诬陷自己。其实这担心大可不必。回头反观自己就好了。想一想，我会不会对帮助我的人感恩呢？大多人都是会的。

这世上的人本无大差别，我们会感恩，其他人也一样会。所以，不要有什么担心，大胆帮助别人就好了。那样不仅能收获快乐，还能收获许多朋友。

助人就是助己

一个年轻人去拜访一位住在大山里的禅师，与他讨论关于美德的问题。

这时候，一个强盗也找到了禅师，他跪在禅师面前说：“大师，我的罪过太大了，多年以来我一直寝食难安，难以摆脱心魔的困扰，所以我才来找你，请你为我澄清心灵。”

禅师对他说：“你找我可能找错人了，我的罪孽可能比你的更深重。”

强盗说：“我做过很多坏事。”

禅师说：“我曾经做过的坏事肯定比你做得多。”

强盗又说：“我杀过很多人，只要闭上眼睛我就能看见他们的鲜血。”

禅师也说："我也杀过很多人，我不用闭上眼睛就能看见他们的鲜血。"

强盗说："我做的很多事简直没有人性。"

禅师回答："我做的所有事都没有人性。"

强盗听禅师这么说，便用一种鄙夷的眼神看了禅师一眼，说："既然你是这么一个人，为什么还在这里自称为禅师，还在这里骗人呢？"

于是他起身，一脸轻松地下山去了。

年轻人在旁边一直没有说话，等到那个强盗离去以后，他满脸疑惑地向禅师问道："你为什么要这样说？我了解你的品行，知道你是一个高尚的人，一生中从未杀过生。你为什么要把自己说成是个十恶不赦的坏人呢？难道你没有从那个强盗的眼中看到他已对你失去信任了吗？"

禅师说道："他的确已经不信任我了，但是你难道没有从他的眼睛中看到他如释重负的感觉吗？还有什么比让他弃恶从善更好的呢？"

年轻人激动地说："我终于明白什么叫作美德了！"

这时，远处传来那个强盗欢乐的叫喊声："我以后再也不做坏人了！"这个声音响彻了山谷。

强盗之所以绝望是因为以为自己是这世上最坏的人。此时的他，需要的不是劝导向善，他已经想要向善了，他需要的是面对众人的信心。禅师贬低自己为的就是给强盗这份信心。从中也可看出禅师的境界，世间愿意帮助人的有很多，愿意贬低自己去帮助人的却不多，这正是禅师能得道的原因。

真正的品格不仅是做好自己，还要懂得去帮助别人。做好自己只是让这世上多了一个快乐的人，帮助别人却可以让这世上多出许多快乐的人。我之快乐亦是他人之快乐，他人之快乐也可以给我带来快乐。用心去爱人，自然能够感受到来自别人的爱。不要吝啬自己的爱心，用它去帮助别人，世界会更加美丽。

报恩施恩

有一个农夫在一块荒地上开荒垦田。在他犁地时，犁头碰到了一块石头。于是，农夫便想移开这块石头。当他正打算找人来帮忙移开石头时，却见一个老翁站在他面前，问他为什么要掘掉这块石头？

农夫回答说："这块石头阻碍了我的耕犁，有它在，我也没办法好好种地，所以我要搬走它，然后用它所占的这块土地种庄稼。"

不料老翁却说："就算你开垦了这块荒地，一年也没多少收入。如果你愿意保存这块石头，我就给你万两黄金，你看如何？"

农夫听了以后十分惊讶，他不明白老翁为什么对这块被抛弃在荒野的石头如此看重，于是忍不住开口询问老翁事情的缘由。

原来这老翁是天人化身，这块荒地是一座佛寺的遗址。当年，建造那座佛寺的时候，只缺一块地基石。于是老翁便毫不犹豫地将传家宝捣衣白石捐了出来，用于建寺。

佛祖感恩于老翁捐赠传家宝的功德，于是决定报答他，于他去世后，带他往生天界，享受齐天之福。这农夫挖石头的时候，正巧被已是天人的老翁用天眼看到了，于是便下界来，想要保住这块石头。因为这是他得以升天界的信物，更是给他带来福气的宝贝。

人要有感恩的心，那些于我们有帮助的、给我们提供过温暖的，我们都不要忘记，要懂得去报答他们，要时刻记着他们的好，当他们有困难的时候，要给予相应的帮助。这样才是一个懂得感恩、懂得福报的人。

在报答曾经的恩人同时，也要懂得帮助别人。一个真正善良的人，不仅是报答以往的恩德，更是懂得将这份恩德传播下去，让它惠泽更多的人。

报恩施恩，不仅是一个人的功果，更是处世必备的品德。所有人都这样做的时候，这个世界才会更加美妙。

吃亏是福

佛陀在给信众讲法时，曾讲了一段有关商队的故事：

从前有两个商队一起出门经商。两个商队的货物加上人的食物、马匹的草料，一共有几十车。由于人多车多，容易产生拥挤，造成混乱。因此，其中一个商队的领队便对另外商队的领队说："我们可以分梯次出发，这样便可以避免秩序混乱了。你们可以选择是先走还是后走。"

另一个商队的领队听了后，选择了先走。因为他认为，先走的话牛马可以先吃到青草，这样可以节省一些草料。而且，如果后走，路由于先行大队人马的践踏会变得难行；更重要的是，如果先走便可先到目的地，这样便能抢占商机了。于是他带着他的商队先行一步出发了。

后行的商队中有队员开始抱怨领队，认为领队让对方选择先行，是把所有的好处都让出去了，自己这边实在吃亏。可是领队却不以为然，笑笑说："草被吃过还能长出鲜嫩的草，我们的牛马正好可以吃上；路被踏过会变得结实而又平坦，我们正好走过；先到市场的人正好能帮我们了解行情，到时我们便能有的放矢，制定出最好的经营策略。"

人们常说吃亏是福。这不是空话，而是有道理的。不信看看身边，那些投机钻营者，往往都是一时得志，总有一天会因为自己的贪婪和狡猾而遭遇失败。那些真正获得持久成功的，从来都是懂得谦让的厚道好人。

天道轮回，从不会让任何一个好人真正吃亏。遇事让人，会让别人觉得你是一个可靠的人，是一个不贪婪的人，会让他们对你放心。因此，你便可以获得更多的机会。这些，都是吃亏的好处。

不要将精明视作自己的优点。这世上没有天生的傻瓜，很多时候，别人不跟你抢不是抢不过你，而是在考察你的品性。太能争抢的人，往往获得了眼前的小利，却失去了合作者的信任，从而失去更多的大好机会。吃亏是福，更是智慧。

真心才能换真心

有一天，佛陀与阿难、迦叶两位侍者行脚。中午时候，三人口渴，正好附近有处瓜田，佛陀便请阿难前去瓜棚化缘。

阿难来到瓜棚，说明了自己的来意。不料看守瓜的年轻女子却恼怒地拒绝了他，并将阿难赶出了瓜田。阿难失望地回到佛陀处，向他诉说了刚才的经历。佛陀听后，便让迦叶前去。

迦叶到了瓜田，却是另一番景象，那年轻女子一见迦叶便向他顶礼，并殷勤地问候他，还主动挑了一个最好的西瓜给迦叶。

迦叶抱着西瓜回到佛陀处，向佛陀请教为何阿难与自己的境遇会如此不同。于是佛陀便向他们讲述了两人过去生的因缘。

原来，数万劫前，迦叶与阿难同为出家人，二人经常结伴出游行脚。某盛夏的一天，二人在路上碰到了一具已然腐臭的猫尸。走在前头的阿难看见了后，掩鼻走过；而走在后面的迦叶却停下来，慈悲地将死猫掩埋，并为它皈依。

佛陀最后说："那看守瓜田的女子，便是那死猫转世而来。她之所以今生能得人身，便是因为当年迦叶为她皈依祝愿之故。所以她才能对迦叶心生欢喜；阿难之所以受到辱骂，就是因为当年那一念嫌恶的心。"

凡事皆有一个因果报应。对别人好，别人自然会对我们好；对别人不好，对方投给我们的，一定也是冷漠。这是因果报应，也是人情法则。

不要以为天下只有自己一个聪明人，而其他的都是傻瓜。每个人的见解、智慧都是差不多的。很多时候，我们跟别人耍滑头，而对方沉默或是上当，并不是因为他们蠢笨，而是他们虽然看见了，并没有揭穿。有的是通过观察确定我们的人品。有的则是不愿计较，给我们留有余地。有的则是落得清闲，想看我们像小丑一样表演。

没有人能够骗得了所有人，也没有人能够骗别人一辈子。当我们对别人不好的时候，他们迟早是会发现的。到那时候，遭受损失的就是我们自己了。

用一颗真心和善心去面对别人，收获的必然也是真诚和善良。品行就像是种子，而别人是土地。我们种下什么样的种子，就能从别人那里收获什么样的果实。

善待别人

一个屠夫的妻子因病去世了，他请一个禅师到家里来为亡妻诵经超度。做完法事后，屠夫问禅师："大师，这一次法事，我的妻子能得到多少福泽呢？"

禅师回答他："佛法是普度众生的，不单独作用于一人。所以，不只是你的妻子得福泽。"

屠夫听了禅师的回答后着急了，说："我妻子身体虚弱，长得娇小，众生都能从这场法事中获益，那她肯定会吃亏的。禅师，你可不可以单独只为我的妻子诵一场经？"

禅师摇了摇头，意味深长地说："修法有一个非常讨巧的方法，那就是用自己的功德去照耀别人，让大众均得到法义。所谓因果、事理的关系就是这样。就好比一支蜡烛，点燃千千万万蜡烛，这支蜡烛的光亮并不会因此而减少，反而因为引燃了别的蜡烛，也照亮了自己。”

屠夫似乎有所感悟，但又没有真正的领悟。于是他又说：“你说得有道理。那就不需要单独为我妻子做法事了，但是我想提个小小的要求。”

禅师说：“请讲。”

屠夫说：“我有一个邻居，他以前总是找我的碴儿，想尽各种办法来陷害我、欺负我。既然禅师说做法事众生都会得利，那可不可以把他从这个众生中抽去呢？因为我真的非常讨厌他。”

禅师厉声说道：“既然是众生，怎会有除去之说？”

屠夫被禅师的一句话点破了，幡然悔过。

当心中充满了仇恨时，看谁都是邪恶的；当心中充满了良善时，看谁都是和蔼的。众生平等，有相同的喜怒哀乐，有相同的爱恨情仇。没有几个会刻意去害人，更多的都是愿意帮助别人的。很多时候，我们看一个人不顺眼，不是他们真正坏，而是由于误会让彼此产生了不好的印象。这时候，去关爱他，他自然便会跟我们和好。如果一味将嫌隙记在心间，那么永远都是一对敌人。

我们无法选择别人的命运，却可以选择如何跟别人相处。用善意待人，团结身边的每一个人，我们就有一个和善的环境，可以活得更舒服。如果用恶意对人，凭空制造出许多仇敌来，那么便会天天生活在苦闷当中。

找回自己的心

沩山灵佑禅师有一天正在打坐的时候，他的弟子仰山禅师走了进来。沩山灵佑就对仰山问道：“喂，你快点说啊！不要等死了以后，想说也无法说了。”

仰山禅师回答道：“我连修行都没有，连信仰都不要，还有什么说不说？”

沩山灵佑再问道：“你是不是修了以后才不修呢？相信了之后才不信呢？”

仰山禅师回答说：“除了我自己之外，我还有什么可修？还有什么可信？”

沩山灵佑禅师说道：“四十卷《涅槃经》中，我问你有多少是佛说的？有多少是魔说的？现在你所说的，是如佛说，还是如魔说？”

仰山禅师回答道：“除了我说的以外都是魔说的！”

沩山灵佑禅师听了弟子这番话，非常满意地点头道：“今后没人奈何你了。”

肯定自己是禅者的一大课题，所以像仰山禅师他直下承担，对自己的修行都不要，不是说不修行，他已经从修行中证悟，等于过河乘船，已经上岸了，不能还把船背着走。他连信仰都不要了，已直下承担了，还要另外信什么？所以真正的禅者“不向如来行处行”。

然而，却有太多人参不透这点，他们不懂，人世间最重要的是自己，其他外物，不过是我们的助力罢了。它们可以帮我们获得成功，让我们得到自己想要的，但它们并不等于成功，也并非是我们想要的。可是太多人混淆了这一概念，成了那乘船过河，靠岸后又背着船行走的人。

这世上，能改变人的东西太多了，金钱可以改变人，一旦爱钱，一切就被钱操纵；感情可以改变人，迷恋感情，就会被感情左右；威力可以改变人，一旦畏惧威力，就没有了自己。

但这些能改变人的东西，却又是人所不能离开的，没了钱，便没法生存，没有感情，便会陷入寂寞与恐慌，而没有了对威力的畏惧之心，世上也便没了约束。如此，真正的智者就是能分辨二者关系的人。要懂得，那些是我们所需的，是可以助我们的，却不是我们本身。我们要钱，是为了便利，因此当需要牺牲便利去换钱的时候，就不要做。我们要感情，是为了获得温馨，因此当感情成为负累的时候，就要离开了。我们需要威力，是想建立一个共同的约束，因此当那威力成为压在我们内心的石头时，就要将它抛弃。

善者天助

释迦牟尼成佛后，处处受人优待，走在街上也会有众生上来跟从。一天，释迦牟尼上街，遇见了一个愤怒的婆罗门。这个婆罗门对释迦牟尼敌意很深，他一直仇视佛教，几乎已经到了疯狂的地步。他看到众生都这么尊敬释迦牟尼，心里更是恼火，便生出一个毒计，想害死释迦牟尼。

他和众生一样，跟在释迦牟尼的身后。在释迦牟尼没有注意的时候，他蹑手蹑脚地来到释迦牟尼的背后，趁世尊讲佛法的时候，便抓了两大把沙子，向佛陀的眼睛扔去。

终究应了那句话：善有善报，恶有恶报。就在沙子扔出去的那一瞬间，突然一阵风向婆罗门吹来，结果沙子全部吹到婆罗门的眼中，他疼痛不已，顿时倒在地上，来回挣扎。他气急败坏地在地上翻滚，整个脸都涨得通红。

众生看到这一幕，都嘲笑他。面对这么多锐利的目光，那个狠毒的婆罗门不得不向佛陀跪下。

这时，释迦牟尼平静而洪亮的声音响起了："如果想玷污或是陷害善良的人，最终一定会伤害了自己，众生切记！婆罗门，你也起来吧。"

婆罗门听后感慨万千，也终于大彻大悟，最终遁入空门。

古人常说，勿以恶小而为之，勿以善小而不为。做人就要做善良的人，不要去做那邪恶的人。即使没有天道轮回，恶人也会受到众人的谴责和痛恨。一个生活在痛恨中的人，是注定没有什么好下场的。

做坏事不仅是在败坏自己的品格，更是在为自己增加敌人。做一件坏事或许存在不被人发现的可能，但做得多了，一定会被人发现。那时候就变成过街老鼠了，注定会没有朋友，也没有人愿意与之共事。

一个善良的人则不然，他能够让人放心，更能让人安心。因此人们会愿意跟他来往，他也便有了更多的机会。一个有人相助的人，必然更容易实现自我价值。

负起责任来

很久以前，有一只威力巨大的毒龙。它虽然能在指掌间毁灭一切，但它从不随便伤害生灵，而且，它对修行生活十分向往。

有一天，毒龙来到一处宁静的树林里静思法义，一段时间后，它有些疲倦了，便不知不觉地在大树下睡着了。毒龙睡觉时身体盘曲，就像一条蛇一样。它表皮鳞片的花纹光彩斑斓。

正在此时，有个猎人经过这里，他看到熟睡中的大力毒龙，误以为是一条蛇，同时对毒龙身上的光彩惊讶不已，于是便想将这大蛇的罕见蛇皮献给国王，以此换得奖赏。

猎人拿着木杖一步步地接近毒龙，走到毒龙身后。他深深吸了一口气，举起木杖朝毒龙的头部重重敲下并死力压着不放，另一只手则拿出他平日打猎用的刀子，迅速地向毒龙的身体刺了下去。

锥心的疼痛刺痛了大力毒龙，嗔怒之火油然生起。然而，就在愤怒的毒龙正想反击时，突然起了觉念，它觉得应当承佛恩嘱咐，谨守净戒，纵使再痛也要忍下来，绝不可因此而破戒、伤生。因此，毒龙忍痛让猎人活生生地把皮给剥了下来，甚至，它还怕猎人因靠近它而中毒，所以不但不睁开眼睛，还闭着气不呼吸，以免毒气外泄。

毒龙失去了皮肤的保护，身体血肉直接碰触在粗糙的地面上，疼痛不堪，加之当时天气燥热难耐，毒龙十分难受。它原本想到大河里舒缓一下身体，却看见许多小虫在自己身上爬动，于是它为了避免小虫被淹死就留在了原地不动。

种种的煎熬也没有让毒龙后悔。它内心还生起了悲悯，发下誓愿：为了成就道业，我宁可布施身体给小虫们；将来，若我成就佛道，更要以正法布施给这些众生！最后，大力毒龙便往生了。由于持戒的殊胜功德，投生至忉利天上。

这大力毒龙，便是释迦牟尼佛的过去生，猎人则是提婆达多，而那些小虫就是释迦牟尼佛成道时最初度化的八万天人。

在佛的眼里，自己受了供奉，便要承担相应的责任。这一点，在毒龙的身上用另一种方式体现出来了。想要成就多大的功果，就要忍受多大的苦楚。

这世上从来没有白吃的饭菜，想要获得，就要有牺牲。如果一味想着享受，那也只能活在幻想里了。

一切都是需要用汗水来换取的，想要得到的越多，需要付出的就越多，同时应该承担的责任也越大。

没有责任心，是成不了事情的，一个只会逃避责任的人，成就也会逃避他。

何必说谎

佛陀曾经讲过一个故事：

有一个村庄的几个闲人合伙偷得了一头牦牛，并将之宰杀，然后分食。失牛的人追踪到村子里，问村人说：“我的牦牛在你们村庄里吗？”

偷牛的村人答："我们没有村庄。"

失牛人又问："那池边不是有棵树吗？"

村人答："没有树。"

失牛人又问："你们是不是在村庄的东边偷的牛？"

村人仍旧回答："没有'东边'。"

失牛人再问："你们是不是在正午偷的牛？"

村人还是回答："并没有'正午'。"

于是，失牛的人就说："没有村庄，没有树还算合理，可是怎么会没有东边，没有正午呢？所以你们一直在说谎。牛一定是你们偷的。"

那些村人再无从抵赖，只好承认。

常有人认为，能说谎说明一个人聪明，可以骗过别人，这是误解。说谎并不聪明，反而很傻。一个谎言要用十个甚至百个谎言去圆，这等于是将自己置入一个谎言的帝国，需要每一句都能符合逻辑，这是极难的。将自己置入这样一个境地，岂不是非常傻吗？

就像那村人，当他回答"没有村庄"的时候，或许可称为一句妙语，可就是这句妙语，让他陷入了无限的循环当中，最终让自己的谎言暴露了。

没有人比别人聪明好多倍，如果真的比别人聪明好多倍，那么不需要说谎一样可以达到自己的目的。而不比别人更聪明，却四处说谎，那简直就是太过愚笨了。这样的人，必然自食恶果。

诚信是一种智慧

宋朝的道楷禅师参禅开悟得道以后，非常热心地教导后学，大阐禅门宗风。

有一天，皇上派遣使者奖励他在禅门的成就。颁赠紫衣袈裟，以褒扬他的道德，并赐号定照禅师。可是道楷禅师将此视为虚名，不肯接受，上表坚辞。

皇上以为他客气，就再令开封府的李孝寿亲王至禅师处，表达朝廷褒奖的美意。

但是禅师仍不领受。皇上大怒，下令州官把道楷收押。州官知道禅师仁厚忠诚，到达寺中时，就先悄悄和道楷禅师说："禅师，您的身体这么虚弱，容貌憔悴，是否已经生病？"

道楷禅师回答没有。

州官悄悄说："啊呀！你就说是生病了，这样就可免除违抗圣旨的惩罚。"

道楷禅师听后说道："我没有生病就是没有生病，怎么可以为了免除惩罚而诈病呢？"

州官无奈，遂将禅师逮捕。后来，贬送油州。所有信徒，甚至社会一般人士都流涕不已。

我们经常看到禅者性格风趣、活泼，禅者的诚实固执，也是不欺天地的。

明代的莲池大师赞美道楷禅师："荣及而辞，人所难也。辞而致罚，受罚而不欺，不曰难中之难乎？《忠良传》中，何得少此？录之以风世僧。"

诚实一直是我们每个人所看重的，也常是我们嘴里所强调的，但真正能够做到的，怕是不多，而做到道楷禅师这般，就更是稀少了。不过这稀少的行为不仅是我们的参照，更是人世间的明灯。

很多人都道诚信是一种美德，其实不知，诚信更是一种智慧、一种见识、一种气概。就像道楷禅师，皇帝可以将他逮捕，禁锢他的身体，却无法阻止别人尊重、崇拜他。在面对强横的皇权时，一颗恪守诚信的心，就是道楷禅师的力量之源。

这正是诚信的作用，即让一个人可敬、可畏。诚信的人，别人不仅对他放心，也会给他足够的尊重。这就是诚信的力量。同时，诚信的人也是坦然、无畏的，心中一片天地，身外一个世界。内外虽有别，但内外皆有度。这度，就是诚信的妙用。

不过很多人却没有分清这个内外，只是追求对外诚信，并没有做到对内诚信。所谓对外诚信就是应人之事，要做到不欺瞒、不说谎。而对内诚信，就是对自己说的话，也要做到。

没分清内外的人，常常是答应别人的事都会努力做到。但在内心对自己的期许却往往落空。总是想着从明天起，我要做哪些哪些，给了自己许多承诺，可第二天起来，还是原样，丝毫没有改变。这样的人，就是没有对内诚信的。虽可做一个诚实的人，却难有什么作为。

人贵统一，对人一个标准，对己也要是这样的标准。只有做到这内外的统一，才会少却烦恼，也只有做到这内外的统一，才能得偿所愿。

善有善报

在印度，有一个婆罗门阶层的富翁，家财万贯，膝下有一独子，已经二十岁了，刚娶媳妇未满七天。有一天，富翁的儿子为了讨爱妻开心，爬上树去摘花，没想到却掉下来摔死了。

当时，全家人抱着儿子的尸体哭得昏天黑地，众人都悲痛欲绝，大骂上天不长眼睛。悲伤一直持续着，依俗送葬后，全家仍然沉溺在悲伤之中。

佛陀知道后，悲悯这一家人，便前往慰问，劝慰富翁说：“万物万事都是无常的，有生就有死，祸与福相依，现在这个孩子死了，但有三处众生为他哭泣，你可知道他究竟是谁的儿子，谁又是他的双亲吗？”

富翁不明佛陀之意，停止哭泣，请求佛陀开释。

佛陀说道："很久以前，曾经有一个孩童看到树上有一只大鸟，便手拿着弓箭，来到树下，仰着头搭起弓箭准备射鸟，当时旁边有三个孩童大声叫好，结果拿箭的孩童就得意地拉满了弓，一箭把树上的鸟儿射死了。旁边的孩童看了，都不禁为他欢呼鼓掌。

"后来经过无数劫的生死轮回，那三个树下的孩童，一个有福报，现于天界为天神；一个在海中为龙王；另一个就是你。在树下射鸟的那个孩童有一生在天界为天神之子，然后转生人间，成为你的儿子。他在树上摔死之后，马上投胎化生为龙子。然而，在他投胎刚化生时，却被大鹏鸟吃了，而那只大鹏鸟，便是以前被他所射中的那只鸟所化生的。

"现在，有三处在为这个孩子哭泣，一个是天神，一个是你，一个是龙王，你们都因为他曾是你们的儿子而伤心欲绝，这全是因为在前生你们鼓励他射鸟杀害生命，并为他欢喜，而今生你们三个注定要为他哭泣，这全都是报应啊！"

富翁听了，心下了然。

三个小孩，由于无知而犯了过错，结果转世轮回，要受那丧子之痛，实在可怜。不过可怜之人，也有可恨之处，如果他们广善积德，自然不用受此等苦楚。

人要向善，只有善才有好的果报，那果报不是别人赏赐我们的，而是我们应该得到的。用自己的德行换取别人的信任，就是最大的智慧。

好心换好报

在一个寒冷的冬天，有一个乞丐深夜来到一座寺庙，找到寺院里一位德高望重的禅师。然后向禅师哭诉家中妻儿已经很多天没有进食了，现在马上就要饿死了，如果禅师不帮忙，那么全家人的性命恐怕就保不住了。

禅师听完乞丐的话后，慈悲之心油然而生。他非常同情乞丐的遭遇，但是自己身边既无金钱，又没有多余的食物，而且寺里的和尚有很多都饿得头晕眼花了。禅师左右为难，一时不知如何是好，他无奈环顾四周时，突然看到了前几日别人馈赠的准备用来装饰佛像的金箔，突然有了主意。

禅师对乞丐说："你把这些金箔拿去吧，换些钱，再给你的妻子孩子买些食物！"乞丐千恩万谢后离开寺庙。

一直站在禅师旁边的弟子看到了整个过程，等乞丐走后，他终于忍不住了，语带幽怨地说："师父，您怎么可以对佛祖如此不敬呢？竟然拿装点佛像的金箔来施舍人，佛祖会生气的。"禅师看了看弟子，心平气和地说："我之所以这么做，正是出于对佛祖的一片敬重之心啊！佛不会怪我的，反而会夸我。"

弟子愤愤地说："这些金箔本是用来装饰佛像的，是我们好不容易才化缘来的。可您就这样轻易地送给了一个乞丐，那我们以后用什么来装饰佛像呢？你觉得这是对佛的敬重吗？"

禅师正色说："平日里你们诵读的经文、修习的佛法都到哪里去了？你们难道没有真正理解那些含义吗？佛祖慈悲，割肉喂鹰、舍身饲虎都在所不惜，我们怎么能为了装饰佛身而置人性命于不顾呢？"

弟子听完禅师的话后惭愧地低下了头。

真正的功德是存于内心的，而不是流于表面的。人们敬佛，敬的是佛的大境界，佛教化世人，教化的是大善心。因此，只要有一颗真正的善心，便是入了佛的厅堂了，如果没有那份真正的善心，即使捐献再多的香火，一样无法得到佛的青睐。

佛对人如此，世间事也是如此。要用自己的真心去对待别人的真心，不要太过执拗于表面，而忽视了最为重要的本质。

莫贪婪

在旁人看来，顶生王非常幸福。他有妻妾子孙、贤臣名士，还有颇为丰厚的钱财，真可谓是要什么有什么。但是，这样一个在人们眼中富有的人，却仍然不知足。他常常对臣子们说："我要去天下走走，这样才能把我的国土延伸至各个角落。"

于是，顶生王开始到处走，如他所愿，国土最后延伸至四洲，他也统治了天下。

过了一段时间后，顶生王又开始躁动不安了。他想，人世间我是走遍了，接下来要想法子到天上去才好。

倒也真的是想什么就有什么，很快，顶生王就来到了天界，见了天帝，并且还得到一半的权力，和天帝平起平坐。但一回到人间，顶生王就想：一半始终是一半，总有一天要一个人坐天帝的位子，那样才好。

顶生王开始慢慢变老，病痛也不断光临他，但是天帝的位子却一直没有得到。垂死之时，他的臣子们问他："国王，还有什么未了之事吗？或者说有什么一生的心得要告诉子民的？"

顶生王想了想，叹了口气，说："你告诉大家，我是一个贪婪的人，时时刻刻都不满足。我已经拥有了一切，可是我的心很累、很苦，直到临死都是，我还在想着要完全得到天帝的位子。可是，人生就是这样而已，没有别的什么东西。"

说完，他溘然而逝。

人不怕难、不怕险，最怕的就是贪婪。有困难我们可以克服，有艰险我们可以应对，但得了贪婪的毛病之后，整个人便陷入了无法自拔的泥潭。

贪婪会让富有变得穷困，会让快乐变成伤悲，也会让天使成为魔鬼。因为贪婪，纵有万贯家财一样不知满足，从而为了些许小利去计较，这样的人自然是富裕的贫困者；因为贪婪，总是想得到未得到的东西，因此获得一样成就的时候，不是为了这成就而喜悦，而是为了下一个自己要去争取的而烦恼，这样，快乐就成了伤悲；因为贪婪，本来的善良者会变成不择手段争取的恶魔，这便是由天使变成了魔鬼。

可见贪婪有多么可怕。人一生不在于拥有了哪些，不在于掌控了什么，而在于从自己拥有的东西上获得了多少乐趣与幸福。获得的乐趣与幸福多，才是真正的有所得。如果一样东西带来的只有烦恼没有其他，那么不如放弃。

懂得担当

有一次，佛陀往世时与五百位商人同坐一条船，同在船上的，还有一个贼，他想杀掉商人们，窃取金银珠宝。佛陀有大法力，发现了贼人的企图，知道他必然会制造机会，杀死商人们。而且，佛陀也明白，这名贼人已经被利益障住了眼，是绝对听不进劝的。

此时，佛陀的心里非常矛盾，他想："如果告诉商人，这贼人想要谋图他们的财宝，那商人们一定会联合起来杀死贼人；可是，如果不告诉商人，这贼人一定会想办法杀商人。到底该怎么办呢？"

最终，佛陀走上前去，自己把那贼人给杀了。

这便是"杀一贼而救五百商人"的故事。

不杀此贼，让他杀掉五百商人，那他会堕无间地狱的，怎么得了！告诉商人，那商人们也会犯下杀人的过错，从而不得往生，一样不是什么好事。佛陀大慈大悲完全无我，宁可自己去背负那份罪孽，也要普度众人，所谓"我不入地狱，谁入地狱"。

不过那地狱也不是白入的，正是因为有这份佛心，佛陀才能成圣成祖，受万世膜拜。要明白，世道轮回，从不会放过一个坏人，也不会漏掉一个好人。人在做，天在看。我们所做的善事，天看在眼里；所做的恶事，天也看在眼里。

恶人现在还没有受惩罚，不是上天要原谅他，而是还没到收拾他的时候。轮回果报会迟来，但不会不来。它会通过众人的心、众人的眼、众人的口，给我们公正。我们做的好事，别人会感到、会看到，然后会给我们回报，这便是轮回果报的结果。

要做人，就要做个好人，做个懂得担当、有先下地狱魄力的人。

不去伤害人

有一天，佛陀出外托钵，从王舍城返回精舍的途中，遇到一群在河边玩耍的小孩。孩子们那天真无邪、烂漫的欢笑声吸引了佛陀，他站在河边静静地看孩子们玩耍、嬉戏，不禁有些入迷了。

一段时间之后，佛陀知道自己该走了，于是便要转身离去，就在这时，佛陀听到有个小孩高声地叫喊："抓到了，抓到了！"

佛陀定睛一看，发现那个小孩的手上握着一条鱼，鱼儿在孩子的手里不断地挣扎。孩子们呼的一下就围了过去，拿着鱼儿交换着玩。

佛陀见状，走了过去，柔声地问孩子们："小朋友，你们怕痛吗？"

孩子们看着佛陀，争先恐后地回答，"怕""不怕"声四处响起。

佛陀指了指那条小鱼，说："它在喊'痛啊！'你们不觉得它很可怜吗？"

正抓着鱼的小孩听了佛陀的话后，赶紧跑到河边，把鱼儿放了。

佛陀高兴地摸摸孩子们的头，欢欣地说："孩子们，要记住，不要去伤害别人，也不要去伤害小动物。它们也跟我们一样是有感情的，我们怕疼，它们也怕疼。我们不希望年纪大的孩子欺负我们，它们也不希望我们去欺负它们。"

孩子们听了后似懂非懂地点了点头，或许他们还没有明白其中蕴含的深意，但是他们却记住了佛陀的话，"不要去伤害别人"。

我们自是不愿受伤害的，其实别人也一样。所谓人同此心，心同此理，这是每个人的想法。然而更多的人则是只关注自己的感受，而忘记了别人的痛苦。孩子们是不愿受大人管束，更不喜欢被大点的孩子欺负的，但他们会去伤害更弱小的动物。不是孩子们残忍，而是他们还小，心智还没有成熟，自然把握不好这个度，无法明白那么深刻的道理。

但作为成人，要明晓这个道理。要懂得时时自省，那自省的内容不仅是谁伤害了我们，还有我们曾经伤害过谁。如果依然还在因为自己的无意识伤害着对方，那么赶紧停止，去给他们道个歉。如果是以前伤害过别人，再见面的时候说声对不起。当然，最重要的便是管束自己，不去做伤害别人的事情。

第三章 无限的内心，才会让人生精彩

有的人，心是有限的；有的人，心则是无限的。前者是因为在内心中装下了太多不该装的东西，因此没有地方再容纳自己想要的了，因此有限；后者则是将心放空，留出足够的空间容纳情、爱和善良。前者会因为心有限，只能过枯燥的生活。后者会因为心无限，从而能体验人生的精彩。

学会转弯

有一个老和尚，身边有一大群弟子。有一天，他跟弟子们说："你们每人都去南山打一捆柴回来。"

听了师父的吩咐后，小和尚们都离开寺庙往南山的方向走去。没有走多远，他们就遇到了一条河，发现水流湍急，已经漫过了河床。小和尚们见着这情形便知道，要想过河去南山砍柴是没有可能了，只好都垂头丧气，按原路返回。

就在这时，其中的一个小和尚看着河边的苹果树结果了，于是他没有立刻折回，而是去树上摘了些果子带回寺里。

回到寺庙后，老和尚问小和尚们为什么没有砍到柴就回来了？

小和尚们据实以告，说大水封住了去路。唯独只有那个小和尚没有说话，他从怀里掏出了一些苹果给老和尚。

老和尚问："这些苹果是怎么来的？"

小和尚回答："因为不能过河砍柴，我看见河边的苹果树结果了，就摘了几个。"

老和尚听了，责备小和尚，说："你怎么能够擅自摘取这些苹果呢？"

小和尚回答说："师父让我们做的事情没有做成，这是造化弄人。我摘这些苹果回来，让它们在这佛门净地里享受清静，是天意。既然不能完成最初的愿望，返回去，顺应自然，也不是不可。"

后来，老和尚把他的衣钵传给了这个小和尚。

很多时候，努力的目的不在于非要达成目标，而在于提升和充实自己。

为煮饭而去砍柴，看见一匹布，从而忘了砍柴将之拿回家，是不务正业。因为捡拾到再多的布匹，也解决不了目前的腹中饥饿。为煮饭而去砍柴，发现柴没得砍，转而去摘取路边的瓜果，是变换手段达成目的，可称之为合适的变通。

更多的人，所做的是不务正业，而不是合适的变通。坚守理想，为目标去付出，在目标达成之前，不要轻易放弃，也不要轻易拐弯。当看到目标无望的时候，不要灰心，也不要放弃，换一种思路，获取相关的东西，才能得到真正的幸福。

拥有多不如享受多

有一次，佛陀到一个镇上说法。当地最有钱的富翁也在台下，他听完佛陀讲法后，站了起来，为心中的烦恼请示佛陀："您教诲我们要时刻保持一颗平静的心，可是我却做不到，我该怎么办呢？"

佛陀问他："你为什么不能保持心态平静呢？"

富翁说："我最近一直在为家产的事情烦恼，一刻也不得安宁，非常痛苦。"

佛陀问他家产为什么会让他这样烦恼？富翁回答说他年纪大了，身体也大不如从前，但财产丰厚，不知道该如何处置。

佛陀问他有没有孩子。

富翁说有一个儿子，而且已经成家立业。

佛陀说："那很好啊，可以把你的家产传给你的儿子。"

富翁赶紧说："不行，这正是我担忧的地方，我的儿子什么都不会。不会做家务，也不懂得经商，他从来都没帮我做过事。我怎么能放心交给他呢？”

佛陀说：“你可以教他。”

富翁摇摇头说：“我是想过要教他，可他不愿学。”

佛陀说：“生命不过一瞬间而已，有些东西你离开人世时是无法带走的。所以，你若是肯抛开，自然会有人接。”

佛陀又说：“人的欲望有的时候就像一把干草。点燃之后，拿着它在逆风中行走，火会越来越大，用不了多久就会烧着自己的手。这个时候，要是不赶快撒手，不仅仅是手，身子都会燃起来。”

富翁听了，恍然大悟。

拥有多不如享受多，欲念小强过所得少。那可见的财富，从来都不是真正的财富，可用的财富才是真正的财富。若是被可见的财富所累，整日追逐不停，反而耽搁了时间，无法享受那可用的财富，便是大大的不妥了。

一个真正快乐的人，从来不是什么都有的人，而是什么都不贪的人。因为不贪，所以轻松，他不必因为那没到手的东西而烦恼，更不必因为别人更富有而心怀怨恨。

获取财富的目的是获取幸福，如果财富带来的是负累和烦恼，那么这财富就该放弃掉了。不要让财富迷住了眼，要明白，我们获取财富的目的是什么。如果违背了这个目的，那么再去追求就太不明智了。

拒绝痛苦，便是拒绝欢乐

从前，某处住了一位单身汉。他希望在有生之年，能得到一份真正的爱情，哪怕那份爱情只持续一天也好。于是，他日复一日地向佛祖祈祷，一直坚持了十几年。终于有一天，他的诚意得到了回报。

某夜，突然传来一阵敲门声。“奇怪，这么晚了会是谁呢？”单身汉虽然觉得纳闷，但依然把门打开了。

门外站着的是一位名叫“吉祥”的幸福女神，单身汉兴高采烈地请她赶紧入内。可是，美丽的幸福女神并没有直接进屋，却指着她身后的另一位女子说：“等一下，这是我的妹妹，我们是一起出来旅行的，想在你这里借宿一宿。”单身汉惊讶地看着这位奇丑无比的女子，疑惑地问“吉祥”：“真的是你的亲妹妹吗？”

“是呀，我刚才不是已经介绍过了吗？她是我的亲妹妹，灾难女神。”

单身汉听了之后连忙说：“请小姐进屋里来坐，不过，还是请令妹先回去吧。”

“真是岂有此理！我们不论走到哪里，都是在一起的，我怎么可以单独留下来呢！”“吉祥”女神很不高兴。

单身汉还在犹豫着，不知如何是好。他欣赏“吉祥”女神的美貌，但不喜欢丑陋的“灾难”女神。“吉祥”见单身汉犹犹豫豫不表态，便说道：“若有不便，我们只有告辞了。”

最后，单身汉不知所措地望着姊妹两人离去的背影茫然无措，他错过了这一生唯一一次感受爱情的机会。

吉祥与灾难总是相随的，就像痛苦和欢乐一样。如果抛弃了其中一个，另一个也便没了意义。若天下只有快乐，那快乐也便失去应有的乐趣。只有通过痛苦的衬托，才能够体现出快乐的可贵。

若一心只想着好的，而不愿承受那半点坏的，最终只能是什么也得不到。就像那个单身汉，他的无所得，就在于他太过贪婪了。只收获、不付出的事情是不存在的。想要得到粮食，就得先撒种子，对着土地看，是不可能获得粮食的。

痛苦虽然讨厌，却也是我们日常情绪的一种，我们要做的是克服它们、适应它们，而不是拒绝它们。很多时候，拒绝了痛苦，也便是拒绝了欢乐。

满则亏

从前有一个笨人到朋友家里去做客。主人留他吃饭，可菜上来之后，他嫌菜没有味道，太淡。主人听了之后，就去取了些盐来，放进了菜里。这次，他觉得味道够了。

笨人心里想："菜的味道是从盐中得来，一点点盐就让菜好吃，那么多吃一些一定味道更好了。"

这样想了以后，笨人就向主人索取了一杯盐，主人问他要这么多盐做什么，他笑笑，没说话。然后将盐一口吞进了嘴里，不料却咸得要命，就急忙把盐从嘴里吐了出来。

这是《百喻经》中的一则故事。佛陀用它来规劝那些修行之人，要懂得节量饮食，要做到少欲知足。不过后世的禅者，又从中解读出了其他的含义：凡事不要做得太满，满就是亏。

要明白，一件事或一样东西，能够让我们满足，给我们带来快乐，不仅在于它们本身就是我们想要的，更在于，我们拥有很多功能跟它们相反的事物。正是那些事物存在，它才能有益于我们。如果将这些看成是必然、必须是给我们益处的东西，那便错了。

钱能给人带来幸福，是因为我们体验到了没钱的苦。如果钱已经足够了，再去追求金钱，那么钱就变成苦本身了。快乐也一样，我们觉得快乐，是因为有痛苦的东西在，它们在，才衬托出了快乐的可贵。

这世上是没有绝对的快乐的，有的只是相对的快乐。我们觉得休息的快乐，是因为工作的劳累衬托出来的。如果天天都在家休息，那么一样会感觉枯燥和不耐烦。凡事满则亏。

做事留余地，看事看透彻

佛经中有一则这样的故事：以持戒严谨而著称于世的品德拉是佛陀最得意的弟子之一。有一天，国王乌德纳问品德拉，佛陀年轻的弟子如何能够摆脱情欲的困扰，而保持住清净的身体。

品德拉回答说："佛陀教导我们要把年纪比自己大许多的妇女当母亲看待；把年纪小自己许多的女孩当女儿看待；把年纪与自己相当的女人当姐妹看待。佛陀的弟子们都按照这一教导去行事，自然就摆脱了欲望困扰。"

国王又问："如果有的人对母亲、女儿、姐妹那样的女人，也会起歹意。这种情况下该怎么办呢？"

品德拉回答："世尊说，人体充满了如血、汗、脂肪等种种污垢和不净。这些都是我们应该远离的，如果用这种眼光来看女人，将她们视为血、汗和脂肪的集合，便能防止色欲。"

国王继续问道："大德，如果就算把女人想象成丑陋的东西，但还是不由自主地被她们的外貌所吸引。这又该怎么办呢？"

品德拉回答："佛陀教导我们，当眼睛看到颜色和形状，耳朵听到声音，鼻子闻到香气，舌头尝到美味，身体接触到物体的时候，不要被她们的美姿所动摇，也不要因为他们的丑态而心烦。要懂得看清她们的本质，也要懂得控制自己的情绪，如果能把守好五官的门户就能确保六根的清净，如果能够看到人的本质，自然就能摆脱情绪的困惑了。"

做事要留三分余地，看人却要看到十二分的透彻。将人看透了，自然就不会被欲望所迷了。

看透了人，那么就会明白，女人关键不在于外貌，而在于内心。这时候，出家人自然能固守情欲，不犯错误；俗世者也便能看出妻子对自己的好，而不去外面寻花问柳。

看透了人，就会明白，这世界上没有绝对的善，也少有绝对的恶。人们会伤人、害人，不过是因为被欲望所困，觉得别人都在争抢自己的利益，从而加以施害。

看到人的本质，不仅是一种能力，更是一种境界。

活出自我来

一家寺院经常用化缘所得的钱粮来接济村里的乡民；每当遇到天灾，寺院便广开善门发放赈济，让那些贫苦的受灾人能够活下去；每当年节的时候，寺院也总是向村民布施，帮他们改善生活。

但是，村中总有些凶悍之人，平日无事也爱刁难出家人。然而，到了寺院发放救济、布施时，这些悍民却也扶老携幼前来领取赈济品。寺里的僧人们为此不能释怀。

一天，一位僧人对住持说："师父，这些悍民实在没有良心。他们只会来寺里取好处，且经常多拿多占，又丝毫不懂得感恩，每次得了好处后都过河拆桥，经常欺辱我们。对这样的人，为什么还要接济他呢？"

住持看着僧人，淡定地说："给人利用才有价值。出家人广结善缘。村民们利用我们与菩萨结了缘，得了欢喜是大好事。我们能这样多多给人利用，亦是自己的功德，可以作为对自己的期许，也是好事。更何况，我出家人以慈悲为怀，不能因为他们品格不好，就去做那不慈悲的事情，看着他们即将饿死而不救啊！那样岂不是违背了佛祖立下的慈悲誓言吗？”

僧人听后，终于释然。

僧人修禅，是为了心境安然，为了让自己获得超脱，而不是为了让别人羡慕自己法力高深。同样，我们做好事是为了心安，不是为了让别人夸赞的。

因此，我们不能因为别人不理解或者不感恩便不去做那好事。让一个不相干的人影响自己的行为，是最愚笨的做法。

我自有我的生活方式，我自有我的习惯想法，这些都是为我们自己的人生服务的。不要因为外人的行为而改变他，哪怕那人让我们不高兴了，也不要那么去做。如果做了，或许能够给那恶人些许的惩罚，但在旁观者眼中，我们反而格调低了。而且，这样的行为本身也违背我们的做人原则。

低头做事，抬头看人

《百喻经》中有这样一个故事：

有一个擅长牧羊的人，他所豢养的羊不仅长得膘肥体壮，而且繁殖得快。在短时间内，他能将自己的羊从几千只养到一万只。这人很节省，从来不肯杀一只羊请客或自己吃。别人见到他的羊群繁盛，虽眼红，却也奈何他不得。

那时，有一个人，很会机巧诈骗，便拼命接近牧羊人，甜言蜜语地和他做了很好的朋友。一天，这个人对牧羊人说：“我和你已成为知己朋友了，心里不论什么话都可以来谈。我知道你没有妻子，很是寂寞，我看着也着急。现在我打听到东村有个女郎，真是美丽极了，我觉得让她做你妻子，很是合适。如果我做介绍人，想必一定是可以成功的。你觉得怎么样？”

牧羊人听了很高兴，就给那人很多羊和一些其他礼物，算作聘礼，让他帮自己张罗这件事。

过了几天，这个人又来对牧羊人说：“她已经答应做你的妻子了，而且你的妻子今天已经生了一个儿子了，我是特地来给你道贺的。”

牧羊人听到还没有见过面的妻子，就已经替他生了个儿子，心里更加欢喜，就又给了他很多羊和别的东西。再过了几天，这个人又来说：“唉！我的好兄弟，真可惜，你的儿子今天死了！我真替你难过呢。”

牧羊人听了以后，便号啕大哭，悲痛不止。

这牧羊人算是极度蠢笨的人了，虽然养得一手好羊，却不懂人世间的法则，因此才会被骗得那么惨。

人在专注于手头上的事情的同时，也应该抬头看看这个世界。只有跟世界同步的努力，才是真正有意义的努力。如果人跟这世界脱轨了，那么努力也多半得不到相应的回报，反而会沦为失败者。

不过还是有些人愿意特立独行，特立独行是好的，但也要有一个度。要明白，懂人情不等于利用人情。我们要做的是，弄清这世界的法则，但不要去用那法则害人。这么做是为了不上当，而不是为了骗别人。

遇事要先忍、后思

慈航法师身相圆满，有个如同弥勒佛一般的大肚子。慈航法师说，他的肚子之所以大还有一段因缘：

以前，慈航法师也是个瘦小的人。有一次他上厕所时忘记带手纸了，正好茶房头也在旁边如厕，于是慈航法师便向他要手纸。可是没想到，那位茶房头却将用过的手纸递给了法师，结果弄得法师满手污秽。

有一天慈航法师搬房间，茶房头也来帮忙了，没想到他竟然趁机顺手拿走了慈航法师的六十个银元。慈航法师虽然发现了茶房头的行为，但并没有揭穿他。因为法师明白，人的名誉一旦坏了，再恢复起来就很难了。而且，在茶房头走时，慈航法师又给了茶房头十五个银元。后来，寺里的人见茶房头一下富了起来便产生了怀疑，茶房头推说是慈航法师送他的银元。慈航法师只是沉默，没有做出任何解释。

“从此以后啊，”慈航法师说，“我的肚子就大起来了。这大大的肚子，代表了我的福气。”

如今，人们都不喜欢大肚胖子，但在以前，胖是福气的象征。一个人方面大耳，说明这个人福气大，是个有福相的人。慈航法师肚子大，也说明他福气大、肚量大。所谓“心宽体胖”，便是这个意思。

事实上，慈航法师也确实是有大肚量的。生活中，有人信奉以怨报怨，有人信奉以直报怨，慈航法师则是以德报怨。以怨报怨者，性情急躁。以直报怨者，乃人之常情。以德报怨，便是一种至高的境界了。正是有这份境界，才让慈航法师有诸般的大胸襟。

当别人伤害我们的时候，切记不要冲动，试着原谅他们。不要直剌剌便当场让对方下不来台，那样很可能我们的怨气没有发泄出去，反而让自己多了一个一生的敌人。要平静心情，试着理解对方，如果发现对方也是有苦衷的，不妨一笑而过，他们自然会记得我们的好。如果对方真正怀有恶意，再去揭穿他们不迟。

一理通则百事通

有个年轻人到一座禅院去，在路上遇到了一件有趣的事，便想以此去考考禅院里的老禅者。

来到禅院后，年轻人与老禅者一边品茶，一边闲谈，冷不防问了一句：“何为团团转？”

“皆因绳未断。”老禅者随口答道。

后生听到老禅者这样回答，顿时目瞪口呆。老禅者见状，问：“为什么如此惊讶？”

“我很奇怪，你是怎么知道的呢？”年轻人接着说，“我今天在来的路上，看到一头牛被绳子穿了鼻子，绳子的另一头系着大树，这头牛想离开这棵树，到稍远些的草地上去吃草，谁知它转过来转过去都不得脱身。我本以为师父没看见，肯定答不出来，哪知师父一下就答对了。”

老禅者微笑着说：“你问的是事，我答的是理，你问的是牛被绳缚而不得解脱，我答的是心被俗务纠缠而不得超脱，一理通则百事通啊！”

人们常说万变不离其宗，世间事千千万，但道理总不过那么几个。只要掌握了那些基本道理，之后推二演三，便可知天下事的答案了。

不管遇到什么事情，都不要急躁，寻求其义理自然就能够很好地解决。当然，更重要的是，不要拘泥于事情表面的本身。一事一议的态度是对的，但这议更多的时候是议这件事所处的环境，为的是将之放在那固定的环境中去解决，而不是议这事情的根本原因。很多时候，一件事的根本原因跟另一件事的根本原因是相同的，知道了那个，也就不必再纠缠于这个了。

真正的智慧，不是解决具体事情的能力，而是观察事物背后的逻辑。只要那逻辑被你掌握了，自然就不会再有困扰你的事情了。如果没有很好地掌握那逻辑，自然便处处迷惑。干什么都要抓住根本。

做事要做透，看事要看清

一位学僧问禅师：“师父，以我的资质多久可以开悟？”

禅师说："十年。"

学僧又问："十年？那么久！那么师父，如果我加倍苦修的话，又需要多久开悟呢？"

禅师说："那得要二十年。"

学僧很是疑惑，于是又问："如果我夜以继日，不休不眠，一心只为禅修，又需要多久开悟呢？"

禅师说："那样你将永无开悟之日。"

学僧惊讶道："为什么？"

禅师说："你一心想禅，自己何在？没了自己，怎能开悟？"

学僧顿有所悟。

佛法向来为佛家所重，却又往往被高僧大德们所轻。这看似矛盾，实则统一。研修佛法是通往成佛的道路，并不是那佛本身。佛祖要僧人们整日打坐念经，不是要人们背诵这些经文，而是通过这经文发现内心中隐藏已久的那份自我。发现了那份自我，便真正开悟了。

这也是重佛法而又轻佛法的原因所在。看重它是因为它是成佛的路径，看轻它是提醒人们不要将它看成是成佛本身。其真要，是寻找自我。

因此，禅师才会给学僧那般的回答。因为学僧搞错了对象，将打坐看成了目的本身，这样，他越是用功夫，便越是无法达成自己的目标。

做事要做透，看事要看清。要努力，更要经常停下来，审视自己努力的方向。如果方向错了，那么努力不仅不能带来好处，反而会耽搁我们的行程。

不妨"呆傻"

虚云老和尚在终南山修道的时候，煮什么东西就吃什么。有一次他煲马铃薯——火烧起来之后他便去打坐了。没想到这一坐就坐得定下去了。这一定就定了好多天，他自己还不知道，旁边的人好几天没有见他，便去找他，那时他还在那里打坐。

找他的人看他已经入定了，就把引盘一敲，替他开静。开静以后，虚云和尚说："吃饭啦，吃饭啦！"叫那人吃，结果把他煲的那个东西打开一看，里面已经长毛了，且长得很深。计算一下，他入定已六七天了。

虚云和尚为修道连饭都忘记吃了，这是何等的呆气，但唯有这种呆，才能有所成就。

虚云和尚过去手下有一个很勤劳的人，那人没有什么文化，一天到晚尽做些别人不做的苦差事，那些别人不屑于做的，他都会揽过来。

大家都笑那人呆傻，他也不在意，依然故我，还是整天做事。别人见他不在意，便故意使唤他，有时候，自己的事情不愿做了，就去交给他做，他也不拒绝，也不说话，直接就去干了。

结果，就是这个有些"呆傻"的人，最后悟了大道，反倒是那些"聪明"者，因为整天做事太少，一直是禅门外的修行者。

处处心机的"聪明"者，没有得道，所有人都嘲笑的"呆傻"人却成了正果。这跟有些人的认知不符，却和事实相符。

很多人穷尽一生，都希望自己成为一个聪明者，因为这样便可以做成自己想做的事情，才能够实现自我。但如果精心观察后就会发现，那些成功的往往都是有一股"呆"劲的人。

这种"呆"人，在常人看来是傻瓜，别人不愿做的事他们做，别人不愿吃的苦他们吃。可是，就在人们还谈论着他们的"呆傻"的时候，却发现，那人早已经干出了一番事业。

之所以如此，是因为他们的"呆傻"并不是真傻，而是执着和努力。在一个追求"潇洒"的人眼里，那些埋头苦干者，从来都是"呆傻"的。

经常偷懒的人，会觉得一心扑在工作上的人傻，但最后干出成绩的，从来都是那认真者。

做人就做那“呆傻”者，用自己的执着和努力去成就自己的人生。

山不过来，就走过去

一位非常有威望的大师说他可以通过意念力把远处的山召唤过来。人们都不相信，说大师扯谎，要求大师当面验证。在众人的祈求下，大师答应了。当大师开始操作这件事情的时候，许多人慕名而来，有的是要和大师一起见证这一历史性的时刻，有的则是誓要拆穿大师的谎言。

到了约定的时间，大师便开始面向大山的方向，然后大声说：“过来吧，大山。”之后大师问周围的人，山有没有近一点点，大多数人都说没有。然后大师继续说：“过来吧，大山。”如此重复了几个小时，周围的人依然说山没有过来。于是大师继续呼唤，一直从早上呼唤到太阳下山，大山依然还在那里，没有近一点点。

不耐烦的人们早已经走去了大半，剩下的多半是想看笑话的。最后，大师领着众人向大山的方向迈了一步，然后回头问众人，山有没有近一点点，众人说好像有那么一点了。大师继续带领众人向山的方向走动，直到来到山底下，然后问众人：“现在山有没有过来？”众人恍然大悟，那些想着看笑话的，也开始敬佩大师了。

这时候，大师总结说：“如果山不过来，我就过去，这是我一辈子的所悟。”

“如果山不过来，我就过去。”简单的一句话，却让人恍然大悟。很多时候，我们都执着于自我，认为凡事都要为我所用，从而有太多的身份和架子放不下。结果，便因为这份执着而错过了良机。

放下自己的身段，并不是妥协，而是一种转身的智慧。当山不过来的时候，一味谴责、抱怨那山，永远也达不到我们的目的，看不到那山上的风景。换个角度，主动出击，我们过去，便可欣赏大好的风光了。

要懂得，问题的关键不是它过来还是我们过去，关键在于我们要去攀爬那高山，去欣赏那光景。不管是它过来，还是我们过去，都不过是一个过程罢了。那最后的目的，才是真正的终点。为了达到这终点，做出些必要的改变，并不丢人。

换个角度

有一次，一个小和尚在挑水途中不小心摔倒了。水洒了一地，木桶也摔坏了，小和尚的衣服破了，膝盖也划伤了。没办法，他只好拎着唯一没事的扁担一拐一拐地挪回了寺中。

老和尚看到小和尚的狼狈相，忍不住哈哈大笑起来。

本来就很懊恼的小和尚见师父竟然嘲笑自己，更加不悦："师父，我这么狼狈了，你怎么还笑得出来呢？"

老和尚说："我这是替你高兴啊！"

小和尚更气了，一把将扁担摔在地上，说："师父，枉你打坐那么多年，非但没有怜悯之心，还和世人一样落井下石，专爱看人笑话！"

老和尚过去拾起扁担，微笑着说："我并非落井下石，而是真的替你高兴，因为用不了几天，你将学会修木桶；膝盖摔坏了，休养几天就没事了，重要的是，有了今天的教训，你以后挑水就再也不会摔倒了，通过这样一个小小的跟头，获得了这么多的好处，难道不值得高兴吗？"

小和尚顿有所悟，上前接过师父手中的扁担，高兴地回寺去了。

见人摔了跟头，不去安慰反而大笑，在一般人眼里，这样的人必然是讨人厌，没有同情心的。可是大师一席话，却给这种行为赋予了合理性。这便是高僧的智慧了。

遇到困难的时候，不要懊丧，而是要懂得换一种思路去想。西方有一位大发明家爱迪生，在研究灯泡的时候，连续试验了一千多次都没成功。有人为他感到遗憾，觉得这么多的工作白做了。可他却笑着说，至少我已经知道有一千多种材料不能用了。

这便是类似的态度。事情没做成，看似一无所得，但至少我们知道了，之前走的路是不通的，以后不会再犯类似的错误了，这便是得。

每件事都有两面，光从不好的那一面看，自然会让自己失去信心，凡事从好的方面考虑，便能给我们鼓舞，让我们前行了。

付出就是收获

有一个僧人走夜路，因为天太黑，僧人被行人撞了好几下。他继续向前走，看见有人提着灯笼向他走过来，这时候旁边有人说："这个瞎子真奇怪，明明看不见，却每天晚上都打着灯笼！"

僧人被那个人的话吸引了，他也觉得奇怪，于是便停了下来，等那个打灯笼的人走过来的时候，他上前去问道："你真的是盲人吗？"

那人说："是的，我从生下来就没有见过一丝光亮，对我来说白天和黑夜是一样的，我甚至都不知道灯光是什么样的！"

僧人更迷惑了，问道："既然你看不见为什么还要打灯笼呢？是为了迷惑别人，不想让别人说你是盲人吗？"

盲人说：“不是的，我听说，每到晚上，人们就都和我一样，看不见了，所以我就在晚上打着灯笼出来。”

僧人感叹道：“你真是一个善良的人啊！原来你是为了别人！”

盲人回答说：“不，我是为自己！”

僧人更迷惑了：“哦？为什么这么说呢？”

盲人答道：“你刚才走路的时候有没有被人碰撞过？”

僧人说：“有呀，就在刚才，我被两个人不小心碰到了。”

盲人说：“我是盲人，什么也看不见，但我从来没有被人碰到过。因为我的灯笼既为别人照了亮，也让别人看到了我，这样他们就不会因为看不见而碰到我了。”

僧人顿悟，感叹道：“我辛苦奔波就是为了找佛，其实佛就在我的身边啊！”

佛是可见的，就在庙堂之上；佛也是不可见的，处处虚空都有佛，可佛又不在那里。其根源就在于佛的大爱。佛教导世人，为人就是为己，我们给别人提供方便，别人自然也会给我们提供方便。很多人不懂这个道理，只想着如何占人便宜，结果往往是便宜没占到，反而吃了亏。

像那盲人，有一颗慈悲心，自然就得到了方便。如果他没有这份心，肯定也会跟其他人一样，走路被人撞了。

不要觉得付出是一种累赘和负担，付出其实也是一种收获。只不过那收获常在我们看不到也想不到的地方。我们看不到不是它隐藏太深，而是我们没有一颗广阔的心。

要知道，为别人提供方便便是为自己提供方便。如果眼里只有自己而没有别人，总有不方便的时候；如果从别人的角度考虑，自己自然获得更多的方便。

给予即是交换

从前，有一个人非常吝啬，甚至吝啬到珍惜自己的每一根头发的地步，用“一毛不拔”来形容，毫不为过。他从来都不肯把自己的东西送给别人，也从没有动过布施的心思，甚至连“布施”这两个字都不肯说，仿佛话一出口，自己的财物就会有所损失似的。

佛陀为了教化此人，便开释他道：“世上的事都是有定数的，一个人这辈子之所以富有，之所以比别人长得高、长得美，都跟上辈子的布施有关。”

那人听了佛祖的话，有所体悟，但是仍然无法像别人一样顺利布施。于是，他又找到佛祖，对佛祖说：“世尊，我也很想帮助别人，用自己的财富去救济穷人，但是每当我要把东西送出去时，就会感到割肉一般的疼痛。对我而言，布施实在太困难了。”

佛祖听他说完之后，从地上抓起一把草，递给他，然后说：“请你把这把草从你的左手交到你的右手中。”

这个人一听，毫不迟疑地照做了。

佛祖又说：“现在，把你的右手想象成自己，左手想象成他人，然后请把这把草再从右手交到左手里。”

吝啬的人一听要把草给别人，就犹豫了，内心开始挣扎，最后急得他满头大汗，可还是舍不得这把草。

这时，佛祖轻轻地在他耳边说：“难道左手不是你自己的手吗？”

那人一想，确实如此，便赶紧把草放到了左手里。

佛祖要求他反复几次，终于，他能够克服自己心中的障碍，将草交到身边人的手中了。

经过不断练习，这个“吝啬鬼”成了众人眼中的“慈善家”，他不仅将自己的财富布施给别人，临终前甚至把自己的身体也捐献了出去，自然证得了无上菩提。

很多人不想布施，在于不愿意将自己辛苦赚来的东西白白送给别人。这想法是不对的，布施不是白送，而是交换。

给乞丐钱，换来的是他的感激；给需要的人以帮助，换来的是他将来的报恩；给亲人、朋友以关怀，换来的是他们对我们的惦念和真情；给同事们以鼓励和提携，换来的是成功路上的互相帮扶。

总之，天下没有白白的给予。哪怕你只是想白白送给别人什么，那人也会铭记在心，并想办法还回你的这一份情。

不要觉得给予是一种损失，要懂得它的本质是交换。在交换过程中，你得到的是心安，他得到的是帮助。多年以后，你得到的是回报，他得到的是一个知恩图报的名声。给予，从来都是一件美好的事情，而不应该是让心里不舒服的事情。

跳出问题找答案

一次，洞山良价禅师来到渤潭，看到寺里一位法师在渤潭边上向来往的行人说法，便也驻足聆听。只听得这位法师说："也大奇，也大奇，佛界、道界不思议。"

洞山禅师觉得他没有引经据典，就这么任意言语，于是上前说道："我不问你佛界和道界，我只问您刚才说的佛界、道界是什么人？"

这位法师是寺院里很重要的执事，人称初首座。初首座闻言，默然不语。

洞山禅师追问："你为什么不快说呢？"

初首座不甘示弱："说快了，就无所得。"

洞山禅师驳斥道："你连说都没有说，还谈什么快了就无所得。"

初首座仍然默默不语。

洞山良价禅师知道遇到对手了，随即改用较为缓和的语气说：

“佛与道都只是名词而已，你为什么不引证教义说法呢？说佛也好，说道也好，你引证教义来说不是很好吗？”

初首座也感觉时机到来，迫不及待地道：

“你所谓的教义是怎么样说的啊？”

洞山禅师拍掌大笑：

“得意忘言！”

禅者与禅者机锋相对，有时听起来不知两人说些什么，好像驴唇不对马嘴；但当事者在他们心应心的感受里，实在是至理在焉。

如洞山禅师要初首座快说，初首座沉默以对；初首座反问教义是怎么说的，洞山禅师说得意忘言。忘言的境界，才是真正的禅。这二人所进行的乃是不答之答。

所谓不答之答，就是答案与问题没有关系，却回答了对方。禅是需要悟的，说禅者若是将一切言明，听者便没了悟的机会，即使明白了些许禅理，一样是禅的门外汉。只有根据言说者的只言片语，经过自己的整理、体悟，发现那道理，才是真正的禅。

初首座和洞山禅师都是佛道高人，自然明白彼此的意思，因此外人看来的驴唇不对马嘴，在当事人眼中，却是至理禅机。

要让自己有所进境，需要具备的就是解读答案的能力。

有的问题是有固定答案的，有的则没有。有的问题找到答案后会对我们有所帮助，有的则无须寻找答案，只要知道那问题是什么，这问题为什么存在就足够了。如果一味沉溺于问题当中，反而会适得其反。就像一个人心情不好，可能是因为遇到了烦恼，也可能只是正常的情绪波动。若是一味追寻答案，有时不仅答案不可得，反而会让对方觉得更加厌烦。这时候，需要的就是不答之答了。看到对方情绪不好，就去关心他、爱护他，给他好心情。这样一切自然迎刃而解。

答案是因为问题而存在的，但并不是只为问题而存在。问题是需要答案的，但那答案未必就要一定跟问题相关。只有跳出问题看问题，而不是沿着问题找答案，才能让自己、让身边的人快乐起来。如果一味沉溺于问题，则是给自己划定了牢笼，反而被问题所困了。

信念即是力量

有一个小和尚，天生愚笨，同时入寺的师兄们都已有不深不浅的悟性，但是他还是不能开化，负责教导的大和尚忍不住了，跑去住持那里诉苦，要求赶走小和尚。住持只是淡淡地说了句："他每日勤勤恳恳，诚心诵佛，并没有什么大过错，再给他一些时间吧！"

又一年过去了，小和尚依旧诚心念佛，也仍然没有开化，大和尚又跑到住持那里诉苦："住持啊，将他赶走吧，他实在没有佛缘。"

住持说："他每日依旧诚心诵佛，并没有丧失希望，弟子尚且如此，做师父的为何不给他一个机会呢？再等等吧。"

大和尚说："这样愚笨的人，要等到什么时候？"

住持笑了笑说："不远了。"

大和尚见赶不走小和尚，于是安排他去做砍柴挑水的粗活，小和尚在干活之余就坐在大堂殿外，静心参佛。

年底，寺院召开佛光大会，向来木讷的小和尚居然语出惊人，将寺院的高手一一辩退，独占大会鳌头。

会后，大和尚对住持说："这孩子居然深藏不露，平日哪里看得出有这般机灵？”

住持笑道：“每天满怀希望，诚心诵读的人，开化只是时间问题。”

沙粒之所以能成为珍珠，是因为它有成为珍珠的信念。那信念支撑它，熬过艰苦，终得无限光明。

当我们处于厄运的时候，当我们面对失败的时候，当我们觉得眼前无路的时候，只要我们仍能有一腔热火，有一个坚定的信念在，那么，无论遭遇什么样坎坷不幸之事，我们都能永葆快乐心情。

人生从来苦难多，该比的不是谁经历的苦难更加难挨，而是谁最后挨过去了。用信念挺过去的，便是英雄，挺不住的，注定成为失败者。

先付本钱

一个商人遇到难处，生意越做越小，于是去请教智尚禅师。

禅师说：“后面禅院有一架压水井，你去给我打一桶水来！”

半晌，商人汗流浃背地跑回来，说：“那是一眼枯井。”

禅师说：“那你就到山下给我买一桶水来吧！”

商人转身去了，回来后却仅仅拎了半桶水。

禅师说：“我不是让你买一桶水吗？你怎么买半桶呢？”

商人红着脸，连忙解释：“不是我怕花钱，而是山高路远，实在不容易。”

“可是我需要的是一桶水，你再跑一趟吧！”禅师坚持说。

商人无法，又跑到山下买了一桶水回来，交给了禅师。

禅师说：“现在我可以告诉你解决问题的办法了。”说完带商人来到压水井旁边，说，“你把先前的半桶水倒进去。”商人非常疑惑，犹豫着。

“倒进去！”禅师命令。

于是商人将那半桶水倒进压水井里，禅师让他压水看看。商人压水，可是只听到那喷口呼呼作响，但没有一滴水出来，那半桶水全部让压水井吞了进去。商人恍然大悟，他又拎起后买来的那一桶水全部倒进去，再压，果然清澈的水喷涌而出。

压水井是一种压力井，需要先将一部分水做引子，倒进井里才能压出水来。如果引井的水太少，是没用的，不但引不出水来，反而会被井吞噬掉。

不管是向佛还是做事，都跟这压水井一样，是需要先投入才可以的。想要向佛，就要先投入精力和时间；想要做生意，就要投入本钱，只有这样才能引出自己想要的东西。如果不做丝毫付出，只想着回报，那是定然难得半点物事的。

世上没有白吃的午餐，就算是天上往下掉馅饼也不会直接掉到我们的嘴里，还是需要弯腰拾起才能吃到。做事就更是如此了，想着坐享其成是不可以的，还需要付出。

那付出，不仅是我们用来成事的本钱，更是表明了我们的一种态度。不怕牺牲、勇往直前的一种态度。有这种态度在，自然能够看到别人所看不到、做到别人所做不到的。

不迷眼

古时候，曾经有一位年轻貌美的信女，她的母亲得了一种罕见的病，寻遍了附近所有的医生，都束手无策。然而，当所有人都觉得老人难逃厄运的时候，她却奇迹般地康复了。

信女觉得，这是自己虔诚拜佛的结果。她深信，是自己每天对着观世音菩萨礼拜，从而感动了菩萨，因此菩萨降临福泽，让她的老母亲得以康复。因此，她在菩萨像前发下了誓愿，要用头发来绣一尊二丈高的观音圣像。

那之后，信女便开始了忙碌。

六十年过去了，这位年轻貌美的小姐已经变成老态龙钟的老太婆了。这时候，这幅神态庄严、面相慈祥的观音圣像也绣好了。此时，她那一双秋水般的眼睛早已瞎了。

佛像绣成的时候，信女很开心，觉得自己终于完成了一生的誓愿。可在别人看来，却大大不值当，很多人听了都大叹“不值”。那些人的话传进了信女的耳朵里，她听了也不生气，而是淡定地微笑着，不发一言。

时至今日，依然有人为她的持之以恒的精神所感动，连当地的得道高僧也禁不住感叹，她的耐烦有恒，非常人所能及。

这信女，便是执着的典范了。她身上所有的，正是世人想要而不得的品质。她的人生也可以说是完满的一生。可是，世人中，却有许多不理解她的，那些不理解的人，便是不懂得人生意义的人。

就算不从对佛的虔诚，而从世俗的角度讲，那信女也是成功的。她用自己的一生做成了别人做不到的事情，这难道还不值得别人羡慕吗？可还是有很多人在为她惋惜。他们惋惜的不是信女的做法，而是信女没有把自己的精力和执着用在追求财富上。那些人，是为财富迷住了眼的人。

我们追求财富的目的是获取快乐。可这世上还有什么事情是比做一辈子自己喜欢的事更加快乐呢？所以，不要让财富迷住了我们的眼，要放手去追求让自己快乐的事情。

所想即所要

布衲禅师和契嵩禅师是真正的以禅来接心的投契好友。有一天，契嵩禅师戏作一首诗送给布衲禅师，大意是追悼布衲禅师的德风。诗文的前四句是：“继祖当吾代，生缘行可规，终身常在道，识病懒寻医。”

这四句话的意思是：继承您宗风的我，将您在世间的一切生缘行为当作我的规范。您终身都在修道，自知有病但是您不肯再去寻医。

下面的四句是：“貌古笔难写，情高世莫知，慈云布何处，孤月自相宜。”意思是说：您的道貌很难用笔来形容，您的情谊非常高远，世间不易了解。您像慈云般，该飘往何处呢？也许只有和孤月在一起最相宜吧！

布衲禅师收到这首诗后，非常欢喜。也提笔答赠一诗：

“道契平生更有谁，贤卿于我最心知。当初未欲成相别，恐误同参一首诗。”

意思是：我虽然还没有到离世的时候，不过为了报答您的相知和追悼诗，我只有提早圆寂。

诗作完成，即投笔而亡了。

古人有一死酬知己的故事，布衲禅师感念道友相知，并且维护道友诗文的信誉，投笔入灭，这样生死以之的友谊，蔚为奇观。

上面的故事，很多不懂的人以为是契嵩禅师逼死了布衲禅师，其实不然。

契嵩禅师诗中的意思是直下承担，虽说是游戏之作，然而真有见地。布衲禅师为了认可，毫不犹豫地入灭。其实，禅师早就看破生死，只要传承得人，撒手就走，洒脱自在。还有什么比这更美的事呢！

这就是先贤大德的气度了。他们知道自己为什么而来，知道自己该何时离去。

很多人都不懂这个道理，因此常给自己带来很多的烦恼和麻烦。有的人为了兴趣去从事一项工作，可是当做起来才发现，跟自己所想的并不一样。当兴趣掺拌上责任和无奈的时候，乐趣已经没有多少了。可这时候，又往往因为看重利益而不愿离开。结果是用痛苦来换取利益，之后用利益去买暂时的快乐。

这就是不懂道理的了，他们没想明白自己为什么要来，更不知道该什么时候离去。为快乐来，就要一心专注于快乐，当那快乐消失后，就是离去的时候了。其他事也一样。一个人，最重要的，不是能得到什么，而是知道自己想要什么。

第四章 一念放下，万般自在

放下不是丢失，而是舍弃。舍的是那些于我们无用的，会给我们带来烦恼的。将这些舍弃后，自然剩下的就是满足和快乐了。人生并不是拥有多便快乐多，只有拥有自己想要的东西多才会有快乐。那些于我们无用的，放下就好，不要让它牵扯自己的精力，给自己造成负担。

每一个当下，都是美好的未来

佛陀在世时，出家人修行的团体叫作“六和僧团”，为的是让团体组织化，大众都按照各项职务井然有序地办事。

驼标比丘是僧团的一员，他的任务是负责接待来自远方的客僧。驼标比丘是一个非常认真的人，他心思缜密，善良柔和，对待工作更是一丝不苟。客僧们住的房间都被他打扫得一尘不染，客僧们需要的各种生活用具也是一应俱全。

每天晚上，驼标比丘都会提着灯笼站在精舍的门口，以防客僧晚归看不到路。有人来了之后，他还会亲自带他们到住宿的地方，帮忙打点好一切才离开。就这样，日复一日，年复一年，驼标比丘从一个提着灯笼的沙弥变成了一个提着灯笼的老和尚，他的身影在灯火的照映下挺立了三十年。

不过，这个时候的驼标比丘已经不需要提着灯笼为客僧照路了。因为多年来的孜孜不倦、真诚热情，使得他的手指就能发光。他只需要举着手指就能为别人照路。

佛法一脉中，照路就是指引、开释。一位高僧为别人照路，就是帮那人开释。驼标比丘一生给无数人照路，也给无数人开了释。

不过这开释的方式有些非比寻常，不是靠讲解佛法，而是靠身体力行。敬业、认真，本身就是参佛悟道的最佳途径。将手中的事情做好，就是最大的悟道。可很多僧人倒置了本末，一心想着成佛，反而忽视了这些最基本的要求，因此而堕入了魔道。

不管做什么，都要有一颗敬业的心，一颗认真的心。做事的时候不要总是想着结果，更不要幻想结果达成之后会有哪些好处。那样不仅于事无补，更是会牵扯自己的精力。

更为重要的是，如果太过在意结果，将结果达成之后所能带来的好处看得过重，就会患得患失。这样，便没了魄力，也会被蒙住眼睛，从而看不清努力的道路。

只有将每一个环节都当成是最最重要的，认真去做，才能将一件事完成好。达成理想的方式，便是将实现理想的过程一个个分解，将每一个细小的过程都看成是最最重要的结果，从而认真、努力去做。最终，这些细小的结果的集合，便是我们想要到达的目的。这是驼标比丘给人们的启示，更是人世间的真理。

学会加减

一位老禅师带着他那刚进门的弟子进入了一个神秘的仓库。这仓库里装满了放射着奇光异彩的宝贝。仔细看看，每个宝贝上都刻着清晰可辨的字样，分别是：骄傲、正直、快乐、爱情……这些宝贝个个都那么漂亮，那么迷人，小和尚见一件爱一件，抓起来就往口袋里装。

可是，在回去的路上，他才发现，装满宝贝的口袋是那么地沉，简直每走一步都要使出浑身的力气才可以。没走多远，小和尚便气喘吁吁，两腿发软，脚步再也无法挪动了。

这时，老禅师说道："孩子，我看还是丢掉一些宝贝吧，后面的路还长着呢！"

小和尚恋恋不舍地在口袋里翻了半天，最终好像下了很大决心的样子，咬咬牙丢掉了两件宝贝。但是，宝贝还是太多，口袋还是太沉，小和尚不得不一次又一次地停下来，一次又一次咬着牙丢掉一两件宝贝。其中，“痛苦”丢掉了，“骄傲”丢掉了，“烦恼”丢掉了……口袋的重量虽然在一点点减轻，但小和尚还是感到它很沉很沉，双腿依然像灌了铅一样的沉，每一次抬起都是一种煎熬。

“孩子”，老禅师又一次劝道，“你再翻一翻口袋，看还可以丢掉些什么。”

小和尚终于把沉重的“名”和“利”也翻出来丢掉了，口袋里只剩下“谦虚”“正直”“快乐”……一下子，他感到说不出的轻松和愉悦。

但是，他们走到离家只有一百米的地方时，小和尚又一次感到了疲惫，那是前所未有的疲惫，他真的再也走不动了。

老禅师见状，柔声说道：“孩子，你看还有什么可以丢掉的，现在离家只有 100 米了。回到家，等恢复体力还可以回来取。”

小和尚想了想，拿出“快乐”看了又看，最终恋恋不舍地放在了路边。他终于走回去了。

可是他并没有想象中的那样高兴，他在想着那个让他恋恋不舍的“快乐”。老禅师过来对他说：“快乐虽然可以给你带来幸福，但是，它有时也会成为你的负担。等你恢复了体力还可以把它取回来，不是吗？”

小和尚听到后，重重地点点头，开心地笑了。

于是老禅师摸摸他的头，舒了一口气：“啊，我的孩子，你终于学会了放弃！”

人生的过程就是一个算术的过程，从出生起，一点点做加法，等到成年后，又开始一点点做减法。

小时候，我们要伴随着长大一点点地向社会索取，我们要丰富阅历，要学习知识，要获取能力，要赚取钱财。等到成长到一定的阶段，家庭、事业都有了之后，便要开始做减法了。这时候，我们要放弃一些没意义的应酬，要忘掉一些酒肉朋友，要减少在外奔波的时间……

直到有一天老去了，变成一个彻底的安静者，下下棋、聊聊天，彻底活在一个狭小的世界里。这是人世的规律，也是幸福的法则。如果不按照这个规律来行事，多半会活得很累。

所谓活得累，便是在做加法的时候反而做减法。别人在努力学习，他却恣意玩耍，等到生命进入下一个阶段，别人都用自己曾经的知识谋生的时候，他便只能空乏叹息，一味后悔了。

该拿起的时候要懂得拿起，该放弃的时候一定要放弃，按照生命的规律来做，不要太贪婪，也不要太懒惰。那样才有快意的人生。

善待时间

有一天，有个老和尚下山到集市里去办点事。等到回来的时候，没想变了天，下起大雨来了，河水顿时陡涨，原先露出河面的石头，现在却一块也看不见了。

老和尚见此情景，便准备蹚水过河。可这时，从远处来了一个少妇，看样子也是想过河去的，老和尚发现这位少妇来到河流边上时就站立不动了。他猜想可能是面对上涨的河水，让她一筹莫展，不知如何是好了吧。

见到少妇焦急的样子，老和尚便走了过去。问她是否要过河，那少妇说自己确实急着过去，可是水太大，不敢蹚过去。老和尚说，天色渐晚，这水一时半刻还不会退下去，你一个人在这荒山孤林的地方，很不安全，还是我来背你过去吧。少妇想了想，确实也没有更好的办法，于是就爬到了老和尚的背上，让老和尚背她过河。

就这样老和尚背着少妇顺利地到了对岸。少妇下来后，便向老和尚道谢，老和尚点点头，少妇便缓缓地离去了。

不料，这整个过程竟然被正在山下做事的年轻的小和尚看见了，小和尚对师父的行为百思不得其解，他想：师父平时教我们，男女授受不亲，怎么今天他竟然把个女人背在身上？这成何体统？他在背女人的时候，心里是怎么想的呢？小和尚心里很纳闷，总是想着这个问题。

三天后，小和尚看师父一直跟平常一样，实在忍不住了，就去找老和尚问起了那件事，问他为什么要背那女人，明明他自己总说男女授受不亲的。

老和尚听完小和尚的问话，哈哈一笑说道："我背着妇人过河后，便把她放下了。没想到，你到现在却还没有把她放下。"

小和尚一时语塞，继而大悟。

事情过去了就该放下了，继续放在心里，不仅于事无补，反而会浪费精力。

时间是不可逆的，一去便不再来。为那不可再来的时间而浪费现在的光阴，实在是大大的不妥。

一个懂得生活的人，会让过去变成现在的调剂，会将现在当成是未来的营养。他们回忆过去，是为了感受曾经的甜美，他们掌控现在是为了创造未来的美好。可那不懂生活者，则专门挑取不如意的曾经来回忆，让它们变成现在的负担，又会因为那负担搅扰了如今的心情，而没有心思去创造未来。

过去的就让它过去，该放下就放下，掌控好现在，才是最重要的。

彻底忘记，才能获得重生

久远劫前，一位善根深厚的太子，名叫昙摩钳，他好乐善法，派人四处寻觅懂得佛法的善知识，却苦无所获。忉利天王知道他的愿心，便想试验他的发心是否坚固，于是化作凡人优塞来到了王宫，表示能解佛法。太子得知后立刻出迎，顶礼接足奉为上座。

“我这法世间稀有，十分难得，需要付出大代价，恐怕太子未必做得到！”优塞为难地说。太子立即表示不惜倾其所有，只愿听闻佛法，解除烦恼痛苦。优塞听后要求说：“那么请太子挖一个大火坑，投身供养法宝。”

昙摩钳毫不犹豫地命令侍卫，挖掘深坑，并燃火于坑中。国王臣民们，见太子为了听闻佛法而打算牺牲身躯，纷纷前来劝说：“请看在国家前途上不要牺牲自己，我们愿意做奴仆供优塞差遣。”可太子不为所动，坚定地说：“我累劫以来历经无数生死投转，以这色身在人道造贪嗔痴恶业，在畜生道受人鞭打负重、为人所食，在地狱一日间丧身无数，痛彻心髓，苦无间断，从未发心为法布施，今日此造业之身能供养法，实在是因缘殊胜，希望大众成就我上求佛道的愿心！”

于是优塞升座说法道：“常行于慈心，除去恚害想；大悲悯众生，矜伤为雨泪；修行大喜心，同己所得法；救护以道意，乃应菩萨行。”太子闻后便奋身跃入火坑，但炽热的火坑却刹那间化成清凉的莲池，太子端坐于清净芬芳的莲台上。昙摩钳便悟通了祸福无常、流转为苦的道理。

为求真理为法忘躯，真是精进无畏的人！也只有发大愿心，愿付出所有者才能到此境界。

人生一世，第一重要的便是选择。常人紧盯的是选择后的结果，想要的是保持住现在，再得到未来。太子懂得选择的真谛，明白未来与现在常常不能兼得，因此愿意放弃现在而赢得未来。这太子，是真正懂得选择真谛的人。

其实，选择的关键，并不在于想要得到什么，而在于愿意放弃哪些。只有彻底忘记，才能获得新生。

决定命运的选择是会让人登上一个更高的台阶的，可以使人获得新生。这份新生，不仅美丽，也会跟以往完全不同，甚至彻底相悖。这时候，那以往便成了通往新生之路的障碍。若不放弃这障碍，而是想要现在未来一起得，那么选择也便失去了意义。

舍得舍得，有舍才有得。就像一个杯子，如果不倒出其中的清水，又哪里有空间去盛那琼浆玉液。

何必等将来

临济在黄檗禅师门下，行为精纯专一。

睦州首座问他："你到这里多少时间了？"

临济回答："三年了。"

睦州又问："你参问过老师吗？"

临济回答："没有。"

睦州告诉他："你去问问住持，什么是佛法的大义吧。"

临济就去问了，结果话音未落，住持黄檗禅师就开始打他。回来后，睦州问："你问得怎样？"临济答道："我话还没有说完，住持就打我。"

睦州说："再去问问吧。"临济又去问了，结果黄檗又打了他。就这样三度发问，三度遭打。

临济心灰意冷，对睦州首座说："承蒙您慈悲为怀，鼓励我去问佛法。也感谢住持不吝赐教，只恨我太愚钝，不能领会深意，我只好离开了。"

睦州说："你若要走，也应该去向住持告辞啊。"于是，睦州首座先到黄檗那里为临济说好话："三次向你问法的那个和尚，非同常人，如果他来告辞，你要指引他一条路，往后雕琢成一棵大树，天下人都可以享受阴凉。"

临济去向黄檗告辞时，黄檗告诉他："你不要去别的地方，去大愚和尚那里就行了。他会指点你的。"于是，临济便去找大愚和尚。

大愚问："你从哪里来？"

临济答："从黄檗禅师处来。"

大愚问："黄檗有什么话吗？"

临济答："我三次去问佛法大义，三次都被师父打了。不知道我有没有过错？"

大愚说："黄檗是求成心切，这么婆婆妈妈的，为了帮助你悟法，弄得自己都累死了，可是你还到我这里来问有没有错。"

临济一听，豁然大悟道："原来黄檗的佛法也不多啊！"

大愚一听，一把揪住临济道："刚才你问有错没错，现在又说黄檗佛法没多少，你明白什么道理？快说！"

临济却不答话，直朝大愚的肋部打了三拳头。大愚推开他说："你的老师是黄檗，悟不悟不关我事。"

临济回来，把事情的始末原原本本地告诉了黄檗，黄檗听完说："大愚真饶舌，等将来我一定要痛打他一顿。"

临济便说："等什么，要打现在就打。"说完，便挥拳朝黄檗打去。黄檗大喝道："你这个癫和尚，竟敢在虎口拔牙！"临济便大喝一声。

黄檗明白，临济是真的觉悟了。

禅师对话，常让人摸不着头脑，看起来像是驴唇不对马嘴的胡说，其实有深意在里面。

黄檗禅师不说话，而是直接去打，其实就是回答。意在告诉临济禅师，参禅要靠自己，不是问出来的。临济归来之后，挥拳打自己的老师，是在说此刻的心愿，就该此刻达成，既然想打就打好了，何必等到以后？

凡事靠自己，把握当下，此刻想做的事情此刻便做，这就是最高深的佛法。然而这道理一般人都知道，能做到者，却不多。更多时候，我们都会将希望寄于别人身上，不管做什么总想有人来帮自己。结果便在这幻想有人帮的过程中，错过了最好的时机。

还有就是，只有想法而没有行动，总觉得很多事情以后做也来得及，不必急于一时。却不知，此刻的事情就该此刻做，以后还有以后的事。

依靠自己，把握当下，才是人生要义。

专注当下

默雷禅师有个叫东阳的小徒弟。

这位小徒弟看到师兄们每天早晚都分别到师父的房中请求参禅开释，并从师父那里拿取公案，于是他也请求师父指点。

每当这时，默雷禅师总是说："等等吧，你的年纪太小了。"

但东阳一再坚持要参禅，最后禅师也就同意了。

到了晚上参禅的时候，东阳恭恭敬敬地给默雷禅师磕了三个头，然后在师父的旁边坐下。

"你可以听到两只手掌相击的声音，"默雷禅师微微含笑地说道，"现在，你去听一只手的声音。"

东阳鞠了一躬，返回了寝室，专心致志地用心参究这个公案。

一阵轻妙的音乐从窗口飘入。"啊，有了，"他叫道，"我会了！"

第二天早晨，当默雷禅师要东阳举示只手之声时，东阳便演奏了艺伎的那种音乐。

"不是，不是，"默雷禅师说道，"那并不是只手之声，只手之声你根本就没有听到。"

东阳心想，那种音乐也许会打岔。因此，他就把住处搬到了一个僻静的地方。

这里万籁俱寂，什么也听不见。“什么是只手之声呢？”思量之间，东阳忽然听到了滴水的声音。“我终于明白什么是只手之声了。”东阳在心里说道。

于是他再度来到师父的面前，模拟了滴水之声。

“那是滴水之声，不是只手之声。再参！”

东阳继续打坐，谛听只手之声，却毫无所得。

他听到风的鸣声，也被否定了；他又听到猫头鹰的叫声，但也被驳回了。

只手之声也不是蝉鸣声、叶落声……

东阳往默雷禅师那里一连跑了十多次，每次各以一种不同的声音提出应对，但都未获认可。到底什么是只手之声呢？他想了近一年的工夫，始终找不出答案。

最后，东阳终于进入了真正的禅定而超越了一切声音。他后来谈自己的体会说：“我再也不东想西想了，因此，我终于达到了无声之声的境地。”

东阳已经“听”到只手之声了。

所谓只手之声便是无声。入禅定、念佛法，忘记一切干扰，才能达到的境界。默雷禅师让东阳去听只手之声，是让他归心入定，练习不受外界干扰的定力。

有了这份定力，自然能够窥探到佛法的路径，得以登堂入室。然而很多学僧在参禅的路上迷失了，太过于执着于那声音，反而让这只手之声变成了最大的干扰。这便是得不偿失了。

专注于一样东西并不等于执念于一样东西。想要干好一件事，放下所有，去专注于事件之上就行了。如果太过于在乎结果，做每一个环节的时候都想着是否能够达到那般结果，那么反而干扰了做事的进程。

要知道，专注的真正意义是专注于眼前、专注于当下、专注于每一个环节。那种将整体的结果当成是负担时时牢记的做法，并不是专注，而是执念。那样获得的只有干扰，没有其他。专注的前提，是忘记。

养身莫善于寡欲

从前，一位高僧下山游说佛法，在回寺途中经过一家店铺，出于好奇便进去看了下。高僧在店里看到一尊释迦牟尼像，由青铜铸造，形体逼真，神态安然，高僧看后大悦，心想如果能带回寺里，开启其佛光，永世供奉，岂不是一件幸事。于是提出要买，但店铺老板要价5000两，分文不能少，而且他看到高僧如此钟爱这尊释迦牟尼像，更是咬定原价不放。高僧见状，笑了笑，然后不与店老板争执，直接回寺了。

回到寺里，高僧与众僧谈起了此事，一些小和尚很是着急，问高僧打算以多少钱买下这尊释迦牟尼像。高僧说："只需500两足矣。"众僧唏嘘不已："怎么可能呢？！"高僧说："佛理犹存，当有办法，万丈红尘，芸芸众生，欲壑难填，则得不偿失啊，我佛慈悲，普度众生，当让他仅仅赚到这500两！"

大家疑惑地问："那怎样普度他呢？"

高僧答："让他忏悔。"

这下，众僧更不解了，都用询问的眼神望着高僧，高僧却不说话，只是微微一笑，就进了自己的禅房。

第二天，高僧召来弟子，对他们吩咐。

让第一个弟子下山去店铺里和老板砍价，那弟子咬定4500两，老板争了很久也不愿意卖，弟子只好假装很失望，悻悻然离开了。

第三天，高僧又命一个弟子下山去和老板砍价，让他咬定4000两，结果依然没有成交。

如此往复，等到高僧派出第十个弟子的时候，开出的价格已经低到200两了。这时，老板有些急了，他眼见一个个买主，一天天地离开，而一个比一个价格给得低，心中懊悔不已。他后悔不如按照前一天的价格卖掉了事，与此同时，他也深深地怨责自己太过于贪心了。

到第十一天的时候，老板在心里对自己说，今天如果再有人来，无论给多少钱，我都要将这尊佛像出手。

最后，高僧亲自下山，进店观察后说要出500两买下它，老板惊讶之余便高兴地出售了，他没想到还能卖到500两，老板高兴之余另赠高僧龛台一具。高僧得到了那尊铜像，谢绝了龛台，单掌作揖笑曰："欲望无边，凡事有度，一切适可而止啊！善哉，善哉。"

所谓养身莫善于寡欲。真正的财富从来都不是堆积如山的金银，而是一颗满足的心。若没有满足的心，纵有金山银山，一样不会快乐，他还会因为没有宝石山而懊恼不已。这时候财富不仅不能给人带来幸福，反而成了人的负担。只有知足、寡欲才是真正的财富。一个知足的人，即使居陋巷、饮清水，一样会快乐。他所拥有的这份快乐，才是最最宝贵的东西，是很多拥有财富的人倾其所有都买不到的。也是很多身处困境、艰苦卓绝的人正在牺牲自己的健康、时间等所去追求的。

真正的富有，是拥有一颗安定的心。不要太过贪婪，它不仅会毁掉我们的生活，甚至还可能毁掉一个人的人格。知足者常乐，那乐趣不是来自于外界，而是来自于内心。

人生就是放下

殃崛摩罗尊者出家之前权力欲很强，一心想着要当国王。一个修行未成的人告诉他，如果能够用一千根大拇指做成花冠，他的愿望就能够实现。于是，殃崛摩罗千方百计地收集大拇指，甚至已经达到了不择手段的地步。没过多久，他就得到了九百九十九根大拇指。只要再收集一根，他就可以成为国王了。

一想到这一点，殃崛摩罗就心花怒放，不能自制。可是，这最后一根大拇指要怎么得到呢？他冥思苦想，却始终想不出什么办法。在强烈欲望的驱使下，他痛苦至极，丧失了理智。最后，他想到了自己的母亲。

他拿起了刀子，冲向正在灶台上为自己熬粥的母亲。母亲吓坏了，苦苦地向他哀求。但是，一心想成为国王的殃崛摩罗，一点都不为所动。然而，就在他要动手的时候，突然出现了一个小和尚，向他伸出了大拇指。殃崛摩罗见状，放开了母亲，开始追赶那小和尚。小和尚看起来走得很慢，并像有意在等他一样，可是，殃崛摩罗全力追赶也追不上。

原来这小和尚不是普通的和尚，而是佛陀的化身。他在灵山上心念一动，知道殃崛摩罗要杀掉自己的母亲，就想趁机度化他，于是化成了和尚，出现在他的面前。

殃崛摩罗最后实在跑不动了，筋疲力尽地瘫坐在地上，痛苦地叫道："我竟然连一个小和尚都追不上……站住！你给我站住！"

佛陀回答道："我已经停下很久了，是你停不下呀。"

殃崛摩罗听到这话，顿觉天旋地转，原来自己的痛苦都是源于自己心中不肯放下的欲望啊。于是，他茅塞顿开，求佛陀收留了他，并最终得道，成了菩萨。

参悟的过程就是一个放下的过程，慢慢放下欲念、放下牵挂、放下烦恼就可以悟道了。同时，这也是一个逐渐走向快乐的过程，放下的越多，得到的快乐就越多。

心是很脆弱的，容不下太多的东西。如果将欲念、牵挂、烦恼等都放在心上，便会将心压垮了。那时候，自然什么都得不到。理想是用来向往和追求的，而不是用来给自己增加负担的。若是将理想变成了负担，整天放在心上，惶惶然不可终日，那理想也便可以抛弃了。

人生一念间

有两个不如意的年轻人，一起去拜望一位禅师。他们一起问："师父，我们在办公室被欺负，太痛苦了，求您开释，我们是不是该辞掉工作？"

禅师睁开眼，吐出五个字："不过一碗饭。"然后再次闭眼，不发一言。

两个年轻人回到公司后，其中一个人递上了辞呈，回家种田了，另一个依然待在公司里。

日子过得真快，转眼十年过去。回家种田的，以现代方法经营，加上品种改良，居然成了农业专家。另一个留在公司里的也不差，他忍着气、努力学，渐渐受到器重，后来成了公司的经理。

有一天，两人再次相遇，互相谈论过自己的近况之后，不由得感叹起来。

"奇怪！师父给我们同样'不过一碗饭'这五个字，我一听就懂了，不过一碗饭嘛！日子有什么难过？何必非待在公司？所以辞职。"农业专家问另一个人，"你当时为什么没听师父的话呢？"

"我听了啊！"那经理笑道，"师父说'不过一碗饭'，多受气、多受累，我只要想'不过为了混碗饭吃'，老板说什么是什么，少赌气、少计较，就成了！师父不是这个意思吗？"

大惑不解中，两个人又去拜望禅师，禅师已经很老了，仍然闭着眼睛，隔半天，答了五个字："不过一念间。"然后，挥挥手……

一样的话，却有不一样的解释，不一样的人生。之所以有此差别，不在于说者想要表达什么，而在于听者听到了什么。

对环境不满者，听到"不过一碗饭"，自然会心生无限豪气，觉得不必在此受气，大不了离去。心有逆来顺受想法者，听完之后自然回去隐忍。

其实，两个年轻人心中早已有了答案，一个已经忍受不住，一个想要继续忍受下去。不过是他们还没有下定最后的决心，那答案还没有说服他们而已。禅师的一句话，给了他们信心，坚定了他们的信念，因此才有了二人的选择。

人人都一样，很多时候，需要的并不一定是一个确定的答案，不过是想从别人嘴里听到跟我们所想的一样的说法，从而给我们增加信心而已。那答案早已在我们心中。

如果想好了，就去做，不需要别人再给我们加上一把火。世事本无绝对的好与不好。农业专家与公司经理本就是人生的选择之一种，不存在哪一个高，哪一个低，只存在更愿意要哪一个。人生一念间，让自己决定那一念就好了，不必假手他人。

成功前的干扰，最折磨人

铁眼禅师曾发誓要用募捐来的钱造一个佛的金身。这件事虽然功德无量，但想要实现却很难。然而，铁眼禅师立下了誓愿，不达目的，决不罢休。

铁眼禅师着手募款的第一天，早早地来到平日人流繁盛的大桥旁，准备向过路人乞舍。他去时天色尚早，桥头边还静悄悄的，没有人影。

一会儿，一个人走上桥来了。那是个腰悬宝剑的武士，雄赳赳地迈着大步。铁眼禅师赶紧趋前几步，合十施礼道："贫僧誓愿塑造佛陀金身，请施主大慈大悲，捐一点吧。"

不料武士斜瞥了禅师一眼，未做其他理会，大步流星地走了。铁眼禅师见状，迈着小快步追上去，跟在武士后面，低声乞求："请多少捐一点吧。"

"不。"武士拒绝得很干脆。

“拜托了！”铁眼恳求。

“不。”武士毫不松口。

“无论如何捐一点吧。”铁眼依旧软磨。

武士一脸厌烦地挥手，铁眼满面堆笑地央求。就这样，铁眼禅师跟在武士后面纠缠了足足有十几里路，而且看样子，哪怕武士走到天涯海角，他也一定会追随到底。最后，那个刚愎固执、铁石心肠的武士也不得不认输了。他停住脚步，转过身来，无可奈何而又恼怒地说：“真是个啰唆和尚，给！拿去吧，呸！”

武士啐了一声，随手扔下一文钱。

“谢谢施主！”铁眼禅师连忙俯身从地上捧起那文钱，欣然色喜地朝武士行礼致谢。

这一来，反倒引起了武士的兴趣，他上下打量铁眼一番，问道：“和尚，你跟我那么远，只讨到一文钱，却这样欢喜，这是为什么，说来听听。”

铁眼禅师表情愉悦地回答：“今天是贫僧立下大愿行乞化缘修建佛陀金身的第一天，而您是第一位施主。如果不能化到您这一文钱，或许贫僧的心志就会因此而产生动摇啊。如今承蒙您慷慨施舍，贫僧对于成就大愿已经确信无疑，所以，为此感到无限欣喜。”

说完后，铁眼禅师引身告退，按照原路返回大桥旁继续化缘去了。

寒来暑往，经过无数个风吹雨打、霜刀雪剑的日子，铁眼禅师终于筹足了资金，眼看就可以达成愿望了。

可就在这时，出现了罕见的大饥荒，许多难民活活饿死。见此情景，铁眼禅师便毫不吝啬地将千辛万苦筹集起来的钱款，统统捐了出去，用以赈济灾民。然后，又从头开始化募塑造佛陀金身的款项。当二度募款好不容易凑齐时，一场特大水灾又造成哀鸿遍野、饿殍千里。铁眼禅师再次捐出了全部募款，继而满怀信心地开始第三度化募。

皇天不负苦心人，公元1678年，终于大功告成。

有志者事竟成，苦心人天不负。只要坚持去做，就一定能够做成。但在做的过程中，多少还是要经历些干扰的。

面对不可选择的干扰，我们总是能够做出正确的决定。像事业进入低谷了，大多数人都会选择努力向前。因为这时候我们没有退路。但面对有选择的困境，就没那么简单了。

铁眼禅师遇到的便是有选择的困境。他的事业马上就要成功了，这时候却出现了不是阻碍的阻碍，即天灾。一方是受难的群众，一方是自己曾经的过往，两者放弃哪一个都是让人心痛的。最后铁眼禅师选择了放弃自己、成就大家。这是一份境界，更是他能得道的原因。

成功前一刻的干扰，是最折磨人的。成功前一刻也是最需要冷静的，这时候不要被即将到来的胜利冲昏了头脑，要有平时坚持的仁心、慈悲心和谦虚心。只有这样，那成功才会来得更有意义。

心空世界稳

有一天，佛陀来到了他曾经修道过的伽耶山尼连禅河边。这里有位拜火教首领优楼频罗迦叶，手下有五百弟子，并且受到贵族的尊敬。佛陀想到摩揭陀国去，但此时日落西山，于是它便去优楼频罗迦叶处请求借宿。对方听到佛陀光临时客气地出迎。

佛陀表明来意后，优楼频罗迦叶回答道：“我是欢迎你在这里借宿的，但我的房中放着拜火的道具，而且有一条巨大的毒龙盘在房中，如果您住进去了一定会失去生命，所以我还是回绝您吧。”

佛陀微笑着说：“没关系。天色已晚，我实在无处安身，所以请你无论如何要允我住一宿。”于是优楼频罗迦叶便指着一个石室说：“那就去那里住吧。”

佛陀安然地走向了石室。进去后，果然看见一条巨大的毒龙。但作为一名大觉悟者，怎会被这种场面吓到，所以他泰然地安坐在石室之中，因他深知毒龙不会伤害他。面对超脱的佛陀，毒龙果然对他没有恶意。

第二天，佛陀从石室中平安出来，口中念道：“心清净，则不为人所害。”原本优楼频罗迦叶以为佛陀必定会吓得立刻从石室中跑出来，却不料佛陀不仅没有被吓出来，反而安然地住了一夜。于是便知佛陀是位圣者，但同时，优楼频罗迦叶也疑心佛陀是来征服他的，因此心内也有些怀疑。

此时，佛陀礼貌地提出想在优楼频罗迦叶处修行。优楼频罗迦叶听后以为佛陀很尊敬他，于是便答应了。

这一天，优楼频罗迦叶被请去为当地一个盛大祭典主祭。因他知道佛陀的力量，因此不希望人们见到佛陀，以免被抢了风头。可是出乎优楼频罗迦叶的预料，这天佛陀并没有出现，于是第二天他便询问佛陀的去处。佛陀温和地说道：“我知道你不希望我给人看到，所以我也就不给别人看到。你还没有领悟到生命的真谛，还充满嫉妒的心。以你这么一位有人格的人还存有嫉妒的私念，从你修行的方法看来，这本不足为怪。你在拜火以前，如果不断这个念头，你永远不能证得涅槃！”

优楼频罗迦叶为佛陀的智慧与宽大所感，于是便带领他的五百弟子一起拜在佛陀座下，做了佛陀的常随众弟子。

古人常说无欲则刚，意思是对世界无所求的人，才能真正做到大义凛然。如果对世界有所求，或者有太过在意的东西，那么就没有这个境界。优楼频罗迦叶和佛陀的差别，就是一个有欲，一个无欲。

因为有欲，所以心静不下来，总是想着自己想要的东西，因此患得患失，永远达不到空明的境界。

事实上，欲望是非常累人的。一个人看重钱，便会被钱所累；看重名，便会被名所累。只有将这些都看轻些，将之当成是自己寻求快乐的手段，而不是目的本身，才能真正获得幸福和超脱。

心诚则灵

一群贫苦的婆罗门由于都无钱供养佛陀，便聚在一起，商量凑资共同供养佛陀。他们商议的结果是，每人出一百元钱。这群婆罗门中有一位叫鸡头的，实在太过贫苦，甚至根本无法提供这一百元钱。但是，他礼佛的心很诚恳，对此次供养佛的活动也十分执着，于是便想了一个方法。

这天，鸡头到一位长者家里应聘当佣人。其间趁机向长者借了一百元钱，并承诺十天内还清。长者答应了鸡头的请求，借给了他一百元钱。可是当鸡头拿着钱赶到大家的集合点准备奉上自己的心意时，却被告知，供养佛陀的钱已经凑齐，不再需要他这一份了。

鸡头十分沮丧，无奈之下他只能每天不断地祈求佛，期望有机会供养他，以完成自己的心愿。也许正是他的精诚之心起了作用，当晚，鸡头就梦见天人对他说，他的愿望在天亮后就可以得到实现。

第二天，鸡头用他在长者那里借来的一百元钱准备了丰富的供品，期待佛陀到来接受他的供养。果然，佛陀与阿难及其他几位比丘出现在了鸡头的门前。鸡头无比欢喜，于是便对佛陀说：“这次有机会供养您，我已心满意足。但让我感到遗憾的是，这些饭可能不够。”

佛陀说：“足够的，你用这些钵去盛吧。”

鸡头便一钵一钵地往外盛食物。令人惊讶的是，他的食物竟然盛满了每一个比丘的钵。这时，佛陀说：“虽然你在过去生中缺少神福缘，但由于你的虔诚，你的今生未来生都已经福量无穷。”

凡事皆有因果，种了善缘，自然会得福报；种了恶缘，自然要受惩罚。以为自己做了件善事，却没有得到福报，不是因果不灵，而是心思不诚。鸡头婆罗门是一个心诚者，最终得到了佛的认可和青睐。

凡事都怕一个认真，如果我们也能像鸡头婆罗门那般认真、诚意满满，自然也能得到我们想要的。怕就怕心机太重，做什么都有一番目的在，那样就不好了。

世上无难事，只怕有心人。坚持、认真是最好的成事手段。做到了这些，也便能够得到自己想要的了。

不设枷锁

四祖道信禅师还未悟道时，曾经向三祖僧璨禅师请教。

道信虔诚地请求道："我觉得人生太苦恼了，希望你给我指引一条解脱的道路。"

三祖僧璨禅师反问道："是谁在捆绑着你？"

道信想了想，如实回答道："没有人绑着我。"

三祖僧璨禅师笑道："既然没有人捆绑你，那你就是自由的，就已经解脱了，你何必还要再去寻求解脱呢？"

道信于是大悟。

后来石头希迁禅师在接引学人时，将这种活泼机智的禅机发挥到了极致。

有一个学僧问希迁禅师："怎么才能解脱呢？"

希迁禅师反问道："谁捆绑着你？"

学僧又问："怎么样才能求得一方净土呢？"

希迁禅师接着反问道："谁污染了你？"

学僧继续追问道："怎么样才能达到涅槃永生的境界呢？"

希迁禅师继续反问："谁给了你生与死？谁告诉你生与死有区别？"

学僧在希迁禅师的步步逼问之下，开始迷惑不解，继而恍然大悟。

世间本无事，庸人自扰之。很多困扰我们的事情，其实并没有那么严重，之所以觉得严重，不在于事情本身，而在于我们内心设定了很多的牢笼。捆绑我们的，并不是别人，也不是那些事情，而是我们自己。把心放开，自然圆融无碍。

觉得人生不如意，并不是我们拥有太少，而是想要太多，这份欲念便是枷锁；觉得生活太累，并不是社会给我们压力过大，而是我们不懂得体验忙碌中的快乐，这份纠缠便是我们的枷锁；工作不如意，觉得自己无法施展应有的能力，并不是别人打压我们，而是我们没有勇气去寻找更大的平台，这份执念便是我们的枷锁。

把心打开。心是通往快乐的途径，而不应该是让我们陷入烦恼的源泉。

适当放下

有个中年人觉得自己的日子过得非常沉重，生活的压力太大，几乎让自己喘不过气来了，便想要寻求解脱的方法，因此去向慈舟禅师求教。

慈舟禅师听了那人的讲述后，没有说话，而是给了他一个篓子要他背在肩上，然后指着前方的一条坎坷的道路说："每当你向前走一步，就弯下腰来捡一颗石子放在背后的篓子中，然后看看会有什么感受。"

中年人照着禅师的指示去做，每走一步，便装一颗石头到背篓里，当他背上的篓子装满了石头后，禅师问他一路走来有什么感受。

中年人回答说："感到越来越沉重。"

这时，慈舟禅师说：“每一个人来到这个世界上时，都背着一个空篓子。我们每往前走一步就会从这个世界捡一样东西，因此才会有越来越累的感觉。”

中年人又问：“那么有什么方法可以减轻这种重负呢？”

慈舟禅师反问他：“你是否愿意将名声、财富、家庭、事业、朋友拿出来舍弃呢？”

那人默然，不能回答。

见了那人的模样，慈舟禅师开释道：“一切皆有定数，想要的太多，相应的负担就会增多。只想得好处，而不想付出的事情是不存在的。你想要轻松，就要放下一些东西，如果不想放下，就要感受这份压力。”

中年人听完之后，有所启悟。

放下有很多种，有彻底地放下，有适当地放下。参禅信佛的人是彻底的放下者，所以他们的心更加空明，对世事体察也更加深刻。普通人到不了那个境界，便只能退而求其次，做那适当的放下者了。

慈舟禅师获得快乐的方式，是抛弃了对名声、财富、事业、家庭和朋友们的牵挂。而中年人想要获得快乐，就应该放下对那痛苦的执着和怨念。只要懂得，那些是不可避免的，从而不去整天想它们便好了。这正是慈舟禅师的启示。

烦恼是与所拥有的东西同在的，拥有的越多，烦恼便越多。将那份烦恼看成是自然存在的，不因为它们的到来而让自己陷入苦闷，便是另一种快乐。这也是放下的一种形式。

放下即是福

释迦牟尼成佛之后，回到他的故乡迦毗罗卫城去传法。由于释尊本人德范的感召，加上净饭王的鼓励，于当地引起一阵随释尊出家修行的热潮。甚至连生性傲慢的释迦王族王子，即释迦牟尼佛的堂兄弟提婆达多也出家为僧。

提婆达多从佛出家后，修行非常认真，但是进步不大。

当时，佛陀已有多种神通，而且佛陀得到人们的尊重，供养丰厚。见到这些，提婆达多非常妒忌，也想拥有佛陀拥有的一切，于是他便向释尊乞求修得神通之道。因为他觉得，大家之所以都尊敬佛陀，是因为他有神通，如果自己获得了神通，也便会有人敬仰了。

提婆达多不了解，佛陀拥有神通和他受人敬仰是没有必然联系的。佛陀受人尊崇是因为有大般若的智慧，他以最伟大的人格来感化一切众生。

佛陀觉得提婆达多的目的不纯，便拒绝了他的请求，开释他，神通并不是万能的利器，不能解脱轮回之苦。最重要的是注重内心的修行，启迪内在的智慧，觉悟宇宙的真理。

提婆达多求佛尊不成，就向智慧第一的舍利弗及神通第一目连以及大迦叶请求，要他们教他神通，但同样遭到了拒绝。

提婆达多并不死心，又去找自己的亲弟弟，即在佛尊身旁担任侍者的阿难。阿难在佛弟子当中，号称为“多闻第一”。他所听闻的佛法数量之多，为其他弟子所无法企及，对神通的修研方法自然掌握颇多。

阿难个性温和，当时也还未证得阿罗汉。他对于哥哥求教的动机，并未多想，就将自己听闻到的神通修习法教给提婆达多。

提婆达多学会后，勤加练习，终于学会了多种神奇本事。此刻，对佛陀的妒忌之火煎熬着他的心，他恨不得立即取代佛尊，获得众人的供养。

提婆达多蛊惑摩揭陀国的阿阇世王子，让王子迫害父亲取得王位。阿阇世王成了新国王，给予了提婆达多在各个方面的支持。

阿阇世王给了提婆达多超越人们想象的供养：每天一早一晚，阿阇世王都会用五百辆宝车到提婆达多那里礼敬。每到吃饭的时间，阿阇世王还会供上五百尊食器的美味佳肴。同时，还有五百比丘追随在提婆达多的左右，一起受到阿阇世王的供养。

佛陀的弟子们把提婆达多的情况告知了佛尊，佛尊说："你们不要羡慕提婆达多，这样隆重的供养会害了他，就如同竹子开花、骡子怀孕，最终会给自身带来毁灭。"之后，佛尊说了一个偈子：

芭蕉若结子，竹苇生其实。

如骡怀妊时，斯皆还自害。

利养及名闻，愚人所爱乐。

能损害善法，如剑斩人头。

提婆达多的欲望越燃越热，甚至想要取代佛尊。他大闹竹林精舍，将一位比丘尼活活打死，因此也犯下了杀阿罗汉的重罪，最终堕入地狱。

不管是谁，放不下便会有灾魔，越是有牵挂的东西，这灾魔就越重。如果得到了那放不下的东西，便更是祸害了。

就像提婆达多，他得到了供养，因此便心生狂意，觉得自己无所不能了。这种身处成功之处的目空一切，正是让人犯错的最根本原因。

要追求成功，更要学会如何面对成功，如果觉得能够取得想要的成功，便说明自己能够做成一切，那便离失败不远了。

越是风光的时候越要低调，越是辉煌的时候越要小心。成熟的麦穗头是低着的。

去闲名

洞山禅师感觉自己即将离开人世了，便跟身边的人说了。结果，这个消息很快就传了出去，四面八方的人们蜂拥赶来，就连朝廷也派人来了。

人群聚集后，洞山禅师走了出来，脸上洋溢着净莲般的微笑。他看着满院的僧众，大声说：“我在世间沾了一点闲名，如今躯壳即将散坏，闲名也该去除了。你们之中有谁能够替我除去闲名吗？”

殿前一片寂静，没有人答话，因为大家都不知道怎么办。

忽然，一个前几日才上山的小和尚站了出来，他恭敬地顶礼之后，高声说道：“请问和尚法号是什么？”

小和尚话音刚落，人群便骚动起来，甚至有的人还低声斥责小和尚目无尊长，对禅师不敬，一时间，院子里闹哄哄的。

洞山禅师听了小和尚的问话，大声笑着说：“好啊！现在我没有闲名了，还是小和尚聪明呀！”于是坐下来闭目合十，就此离去。

看着端坐不再动的禅师，小和尚眼中的泪水再也忍不住了，不住地流了下来。

没一会儿，小和尚就被周围的人围住了，大家责问他：“真是岂有此理！连洞山禅师的法号都不知道，你到这里来干什么？”

小和尚看着周围的人，无可奈何地说：“他是我的师父，他的法号我岂能不知？”

“那你为什么要那样问呢？”

小和尚答道：“我那样做就是为了除去师父的闲名！”

众人一时愣住，继而有人契悟。

人生一世，赤条条地来，赤条条地走。不过有很多人堪不破，在离去的时候也要弄出许多声响来，拉上一批陪葬品。有那看得开的，只是只身片履，孑然而去。洞山禅师却连名字也不带走，不愧是得道高僧。

其实，参禅一脉，最堪不破的便是这个名字。僧众们于利早已经不看重了，但很多人还是想落得个高僧的名号的。佛门如此，俗众就更难解脱了。

看这世间，多少人赚钱并不仅仅是为了享受，更多的是为了表现自己比别人强，有了钱后，便拼命炫耀，生怕别人不知道。这样的人，其实就是堪不破那名的，是名誉的奴隶。

这样的人，赚钱不是为了实现自己的价值，而是给别人看的。他们拼命去辛苦，为的就是别人一个羡慕的眼神。这份力气，花得实在是不值得。

去做喜欢的事

抚州石巩寺的慧藏禅师，出家前是个猎人，他最讨厌和尚。

有一天他追赶一只猎物时，被马祖禅师拦住。这位讨厌和尚的猎人，见竟然有和尚干扰自己打猎，不禁气上心头，抡起胳膊，就要与马祖禅师动武。

马祖禅师问他："你是什么人？"

慧藏说："我是打猎的人。"

马祖禅师又问："那，你会射箭吗？"

慧藏说："当然。"

马祖禅师说："你一箭能射几个猎物？"

慧藏说："一个。"

马祖禅师听罢哈哈大笑："你实在不懂射法。"

慧藏很生气："那么，和尚你可懂得射法？"

马祖禅师回答："我当然懂得。"

慧藏问："你一箭又能射得几个？"

马祖禅师回答："一群。"

慧藏不禁大怒，喊道："彼此都是生命，你怎么忍心射杀一群？"好的猎人虽以杀生为本，但都杀取有道，不会滥杀，这叫不失本心，也是为了能保证始终有猎物可寻。

马祖禅师语含讥讽地问："哦，看来你也懂一箭一群的真义，怎么不去照一箭一群的法则去射呢？"

慧藏说："我知道你说的一箭一群的意思，可要让我自己去射，却不知道如何下手！"

马祖禅师高兴地说："呵！呵！你这汉子旷劫以来的无明烦恼，今日算是断除了。"

于是，慧藏便扔掉弓箭，拜马祖禅师为师。

猎人有一箭一群的本事，却不去做一箭一群的事情，说明他有仁心。懂得凡事不能做绝，更是懂得不过分杀害。他只取自己所需，不会为了让自己活得更加舒适而杀害更多的猎物。这样的猎人，虽然是杀生者，也是有佛缘的。

马祖禅师点醒了他，告诉他说，你既然有不为了让自己更加舒适而去杀害更多的心，为什么就不能放弃杀害而换一种谋生方式呢？这一句，让慧藏彻底醒悟了。他只想到了不多杀生而牟利，从没想过不杀生一样可以生活。

有些事是我们不想做的，然而迫于各种"压力"又不得不去做，因此在做的时候便会少出一份力，为的是让自己心安。可是如果换个角度想，那份"压力"常常都是我们幻想出来的，根本就不存在。换个处境，一样可以活得很好，何必要做自己不喜欢的，而让自己陷入烦恼呢！

学做真洒脱

唐代丰干禅师，住在天台山国清寺。一天，他在松林漫步，忽然听到小孩啼哭的声音，他循声而去，原来是一个稚龄的小孩在哭，那孩子衣服虽不整，但相貌奇伟。禅师带着孩子问了附近村庄人家，却没有人知道这是谁家的孩子。最后，丰干禅师不得已，只好把这男孩带回国清寺，等待他的家人来认领。因他是丰干禅师捡回来的，所以大家都叫他“拾得”。

拾得在国清寺安住下来，渐渐长大以后，就让他担任行堂（添饭）的工作。时间久后，拾得也交了不少道友，其中有一个叫寒山的，跟他关系尤其好。因为寒山贫困，拾得就常将斋堂里吃剩的渣滓用竹筒装起来，给寒山背回去。

有一天，寒山问拾得：“如果世间有人无端地诽谤我、欺负我、侮辱我、耻笑我、轻视我、厌恶我、欺骗我，我要怎么做才好呢？”

拾得回答道：“你不妨忍着他、谦让他、任由他、避开他、不要理会他。再过几年，你且看他。”

寒山再问道：“除此之外，还有什么处世秘诀，可以躲避别人恶意的纠缠呢？”

拾得回答道：“弥勒菩萨偈语说——老拙穿破袄，淡饭腹中饱，补破好遮寒，万事随缘了；有人骂老拙，老拙只说好；有人打老拙，老拙自睡倒；有人唾老拙，随他自干了，我也省力气，他也无烦恼；这样波罗蜜，便是妙中宝，若知这消息，何愁道不了？人弱心不弱，人贫道不贫，一心要修行，常在道中办。如果能够体会偈中的精神，那就是无上的处世秘诀了。”

那寒山、拾得乃文殊、普贤二大士化身。

台州牧闾丘胤曾问丰干禅师，何方有真身菩萨？禅师说寒山、拾得。胤至礼拜，二人大笑曰：“丰干饶舌，弥陀不识。”意指丰干乃弥陀化身，惜世人不识。说后，二人隐身岩中，不复见人。胤遣人录其二人散题石壁间诗偈，今行于世。寒山、拾得二大士不为世事缠缚，洒脱自在，其处世秘诀确实高人一等。

洒脱是人所追求，却常常而不得的东西。之所以如此，是人们不知洒脱需要的是放下，而不是拥有。很多人都觉得，有钱、有权、有势，之后才有洒脱的资格。他们不明白，真正的洒脱正是忘记钱、权和势。认知的差异，决定了人世间的洒脱者，更多时候都是在装洒脱，而不是真洒脱。

真洒脱者，是毫不在意的。那些时时想要让别人以为自己很洒脱的人，恰恰是太多东西放不下的假洒脱者。

其实，生活不一定非要呈现一定的模样才好，该争得争、该放得放，那样才最好。不要让太多的牵绊打扰到了我们的人生，要用一颗清净的心面对纷扰。将之放下，纷扰也就不在了。

一念放下，自然美好

有一位穷苦人向禅师哭诉："禅师，我的生活太难了，房子小、孩子多、太太又性格暴躁。我快过不下去了，您说我应该怎么办？"

禅师想了想，问他："你们家有牛吗？"

"有。"穷人点了点头。

"那你就把牛牵到屋子里饲养吧。"

一个星期后，穷人又来找禅师诉说自己的不幸。

禅师问他："你们家有羊吗？"

穷人说："有。"

"那你把它也放到屋子里饲养吧。"

过了几天，穷人又来诉苦。这次禅师问他："你们家有鸡吗？"

"有啊，还有很多呢。"穷人骄傲地说。

"那你就把它们都带进屋子里吧，让它们跟你的牛羊生活在一起。"

从此以后，穷人的屋子里便有了七八个孩子的哭声，太太的呵斥声，牛、羊和鸡的叫声。三天后，穷人实在受不了了！他再度找到了禅师。

“禅师，我听了你的话，把牛、羊和鸡都放到了屋子里，可现在我的生活还不如以前了呢？我到底该怎么办啊？”

“把牛、羊、鸡全都赶到外面去吧！”禅师说。

第二天，穷人来看禅师，兴奋地说：“太好了，我家变得又宽又大，还很安静呢！我现在对生活充满了信心！”

人不幸福，很多时候不是拥有太少，而是想要的太多。有了妻子马上就想要孩子，有了房子马上就想要车子。这样的人，必然是痛苦的。他们痛苦的来源不是生活，而是自己那颗不满足的心。

很多时候，我们的烦恼都是自己强加给自己的。是因为我们想要一些没有的，而又放不下一些我们所拥有的。结果是那些于我们无用而又放不下的东西填满了我们的心，让我们想要的东西也进不来了。

试着学会放下，放下一切怨念，就会发现，生活其实很美好。

一切随缘

有一位老和尚，自出家以来，数十年严守戒律，从未破过戒。他整天提心吊胆，小心谨慎，唯恐一旦违犯戒律，死后会坠入地狱。

一天晚上，下着小雨，老和尚从外面往寺院赶，为了尽早回寺，老和尚抄了近道。走那条小路要路过一片茄子地，当时已近秋天，很多茄子都熟透了，从枝干上掉到了地上。

老和尚走着走着，忽然脚下踩着一样圆鼓鼓、软软的东西，同时，还发出“咕”的一声。由于天色黑暗，伸手不见五指，老和尚看不清到底是什么，又因为忙着赶路，没有多想就回寺里了。

回到寺中之后，老和尚开始害怕了，他感觉自己踩死了一只蛤蟆，且那蛤蟆肚子里分明还有许多卵子。他越想越惊慌，后悔不已，整整一晚都没睡好觉。那一夜，那只被踩死的蛤蟆不时出现在老和尚的眼前，还带数百只小蛤蟆向他讨还命债。

第二天天一亮，老和尚就跑到昨夜经过的茄子地里去查看，可是找来找去也没找到癞蛤蟆的尸体，只有一只被踩到开膛破肚的黄黄的老茄子摆在那里。他看了后，感慨万分，做偈子说："梦是一个谎，本是心头想，蛤蟆来索命，踩烂茄子响。"

凡事不要太过介怀，太介怀了，无事也会生出事来，好事也可能变成坏事。老和尚便是无事生事了，还有好多好事变成坏事的。

有的人天生善良，总爱接济穷苦人家，这是好的。可是一旦将这份善看得太重，甚至刻意去求善，便未必是好事了。

有这样一个小故事，一个心善的富人，由于经常做好事而得了一个善人的名头。富人很开心，便决心做更多的好事，于是给自己定下了一个日行一善的标准。可是，天长日久之后，便没有那么多好事可做了。而沉溺于善事的富人却又要完成自己的誓愿，要日行一善。最后，他竟然生出了歪心思，派自己家的仆人去坏人财物，然后自己又登门施舍更多的钱财。善事做到这等地步，味道已经变了。

凡事随缘最好，不要刻意呈现。遇到了，便做，遇不到，便不做，没有必要给自己太大的压力。那样不仅生活不得安宁，也难做出真正的好事来。

来自任他来，去自随他去

有个沙弥，出外化缘，结果归来的路上，饭钵掉在了地上，摔碎了。

沙弥听见“啪”的一声，身子顿了一下，之后继续往前走了。

这时恰好有个路人路过此地，他喊住沙弥，问他：“你的饭钵摔碎了，为何你看也不看。”

沙弥回答：“饭钵已碎，我看也不能再让它恢复原来的样子了，何必去看？何况，寺里还有许多事等着我去做呢，何必将时间浪费在这一个破碎的饭钵身上？”

说完，就继续走了。

路人无奈，也有些不愤。几天之后，他恰巧去寺中办事，碰到了方丈。便跟方丈说了那天的事情，他以为，方丈定会责罚那个小和尚，因为他太过冷漠、不懂得珍惜事物。

结果，方丈似乎并没有要责罚小沙弥的意思，反而淡淡地说：“万事万物皆有其理，随缘来，随缘去，那饭钵碎了，即是我们跟它的缘分尽了。惋惜它也不会回来，反而因为这惋惜耽搁了时间，弄得其他事也无法做成。人生也是一样，过去的就过去了，再怀念也不会回来，反而因为整日怀念而耽搁了当下的事业……”

路人想要反驳，却不知如何开口，最后悻然离开了。他走到半路，方才明白方丈的深意，不禁恍然大悟。

来自任他来，去自随他去，才是真洒脱。那已去的事物已经远离，就说明彼此缘分尽了，接下来的事，便是将时间用在当下，完成手头的工作。如果一味怀念，不仅无法让已去的返回，反而因为无心做事而耽搁了现在。

怀念，看似有情，实则多半无益，尤其是陷入怀念中无法自拔者，更是浪费时间。

世人没有佛家的超脱，却也应有类似的意识。朋友走了，去了另一个地方，不要悲伤，也不要失落，要为他高兴，因为他走说明这里没有他的梦想。现在，他去追求自己的梦想了，自然要为他高兴。

多愁善感，常因为朋友的转身而失落，是一种情的牵挂。但这份牵挂放在心里就好，将它化成祝福，不要让它真正影响到自己的心情。那样自己过不好，朋友也会感觉愧疚。

凡事放下，自然有一片更广阔的天空。这天下没有不散的宴席，席终之后，是下一场盛宴的开始，而不是本场的毁灭。凡事向前看，向好处看，自然心无挂碍。

何必生气

有一位妇人脾气十分古怪，经常为一些无足轻重的小事发脾气。她也清楚自己脾气不好，也想要改正，但她就是控制不住自己。

朋友对她说："附近有一位得道高僧，你为什么不去请他指点，让他帮助你呢？"于是，她就抱着试一试的态度去找那位高僧。

见到高僧后，妇人言语态度十分恳切，渴望从高僧那里得到启示。高僧一言不发地听她阐述，等她说完了，就把她领到一个禅房中，然后锁上房门，转身走了。

妇人本想从禅师那里听到一些开导的话，没想到禅师不仅一句话也没说，反而把自己关在这个又黑又冷的屋子里，不禁怒火中烧。她气得跳脚大骂，但是无论她怎么骂，禅师就是不理会她。妇人实在忍受不了了，便开始哀求，她说自己只想出去，但禅师还是无动于衷，任由她在那里哀求。

过了很久，房间里终于没有声音了，禅师在门外问："还生气吗？"

妇人说："我只生自己的气，我怎么这么愚蠢，竟然听信别人的话到你这里来呢？"

禅师听完，说道："你连自己都不肯原谅，怎么会原谅别人呢？"于是，转身而去。

过了一会儿，高僧又问："现在还生气吗？"

妇人说："不生气了。"

"为什么不生气了呢？"

"我生气有什么用呢？生气也出不去。"

禅师说："你这样其实更可怕，因为你把你的气都积压在一起了，一旦爆发，会比以前更加强烈。"说完又转身离去了。

等到禅师第三次来问的时候，妇女说："我不生气了，因为你不值得我为你生气。"

"你生气的根还在，你还没有从气的旋涡中摆脱出来。"禅师说完又走了。

又过了很长时间，妇人主动问道："禅师，你能告诉我气是什么吗？"

高僧还是不说话，他拿着一杯茶，之后打开房门，看似无意地将手中的茶水倒在地上，妇女终于领悟：原来，自己不气，哪里来的气？心地透明了，了无一物，何气之有？

生气就好像往地上倒茶水。那地本来是干净的，因为自己的原因现在有了水，这时候如果再因为地上有水了需要处理，而将自己气得不行，是不是很傻呢？我们都能看到这其中的傻，却看不到自己日常行为的傻。

大多数的生气，不过是自己给自己找麻烦罢了，其实完全没有必要。事情没做好，不要气，要静下来思考自己的过错，因为生气不会让事情变好，但找出自己的毛病加以改正却可以让事情变好。

别人惹到我们了，不要生气，要想一想问题出在哪里，因为我们某一方面没有做好而让他愤怒，从而来惹我，便改过自己。如果问题出在对方身上，心平气和地跟他讲清楚道理，对方自然会知晓自己的错误。

所谓生气，不过是用别人的错误来惩罚自己。

我有我之福，他有他之幸

慧忠国师是唐朝有名的禅师。有一天，有一个学僧向他请示道：“古德云：‘青青翠竹，无非法身；郁郁黄花，皆是般若。’不信的人认为是邪说，有信仰者认为是不可思议，但不知如何才是正确？”

慧忠国师听了以后就回答道：“《华严经》云：‘佛身充满法界中，普现一切群生前；随缘赴感靡不周，而常处此菩提座。’翠竹既不出于法界，当然就是法身。又《般若经》云：‘色无边，故般若亦无边。’黄花既不越于色，岂非般若？故经本不定法，法本无多子。”

学僧听后，仍然不明白一法即一切法的这种真理，再问道：“此中消息，信者为是？不信者为是？”

慧忠国师回答道：“信者为俗谛，不信者为真谛。”

学僧听后大惊道：“不信者讥为邪见，禅师怎可说不信者为真谛？”

慧忠国师回答道：“不信者自不信，真谛者自真谛，因其真谛，故凡夫斥为邪见；邪见者，何能语真谛。”

世间之法，不能以信与不信为标准，不能以好、坏为标准，最怕的就是将正念和邪见掺杂一起。

世界本是多变的，从不统一，即使大家都参佛，都悟道，也有所不同，有的靠打坐成佛，有的靠诵经成佛，有的则靠劳作成佛。若是统一规定只有一种可以成佛，那么大家都难成佛。原因无他，个人有个人的缘法，个人有个人的喜好。凡事没有定律，合适的才是最好的。人间也没有一套固定的标准，适合的才是最好的。

不要用自己的想法规束他人，也不要用他人的想法来苛求自己。只要他人不害人，就不必去管他，只要我们不作恶，就无需在意别人的眼光。让自己的归自己，别人的归别人，才有繁华的世界。如果强行将自己和别人统一，人家喝水时，我们也喝水，人家吃茶时，我们也要吃茶，那我们自己在哪里？我们喝水时，要别人也喝水，我们吃茶时，要别人也吃茶？那要那么多“我”又有何用？

我自有我之福，他人自有他人之幸。做回自己，不任意掺杂，才是真如本性。因别人一句话，我们便整日挂怀，甚至要改变自己的生活方式，太过劳累，不是正途。因别人没有听我们一句劝，就觉得那人面目可憎，不是良善之人，冷落了我们的善心，太过辛苦，也不是正途。凡事由他，自然轻松自在。

让生活慢下来

寺庙旁边开了一家豆腐店。老板常常送豆腐进去，但是每次经过禅堂的时候，门窗都是紧闭的。老板十分好奇，想知道禅堂里到底放了什么东西，以致长年都要关着门窗。

有一天，他问寺里的小和尚，自己是否可以进禅堂看看？

小和尚说禅堂不能随便进去，必须要得到法师的同意。

老板找到法师，在他不断请求下，法师最终答应让他进去。

老板走进禅堂，发现里面坐满了人，但鸦雀无声。每个人都盘腿坐在地上，一动不动。他顺着四壁，把禅堂走了一遍，没有人和他说话，也没有发现什么好玩的东西。最后，他只好像别人一样，找了个空地，安静地坐了下来。

闭上眼睛，眼前出现了以前很多的事情，就像放胶片一样，心得到了从未有过的沉淀。一炷香后，老板出了禅堂，回到豆腐店。从那之后，他逢人就说：“参禅好。”

有人就问他：“参禅怎么好了？”

他说：“那天我在禅堂参禅的时候，想起街头的老李还欠我五块钱，五毛钱一块的豆腐，他买了十块。”

静下来后，很多以前来不及想、想不起的事情便都浮现在眼前了。这时候，很多我们曾遗忘的美好瞬间，很多以前忽略过的事情，都会出现在脑海里。而且，还有利于整理我们的思绪。这就是参禅的好处，让生活暂时慢下来。

要控制生活的节奏，时常停下来整理一下自己的思绪。停下来思考，并不是偷懒，而是整理思路，以便让以后走得更加顺遂。

偶尔让生活慢下来，不仅于身心有利，更是充实自我的好办法。不要急着前行，即使不是停下来思考，看看周围的风景也是好的。

任他去

广钦和尚在福建承天寺出家，但是他觉得自己没有福报接受供养，于是便在山洞中住下了，这一住就是十三年。十三年后，广钦和尚回到了庙里，跟住持说要守大殿。根据规定，大殿不能安床铺，所以他每晚都在大雄宝殿打坐。

一天，监院师和香灯师说，大雄宝殿的功德箱被偷了。寺里以前从未丢失过功德箱，因此也从来没想过找人特意看守。

当时，只有广钦和尚每天都待在大雄宝殿内，所以大家自然而然地把怀疑的目光落在了他的身上。

从那以后，大家对广钦和尚的看法产生了很大的变化，都认为一个坐洞十三年的人竟然干出这样龌龊的事情，简直无耻至极。

然而面对大家的责难，广钦和尚并没有申辩。他只是说：“我没有偷，我也没有看见别人偷。”每当别人用异样的眼光看他的时候，他都当作什么也没发生。别人指责他的时候，他也好像没听见一样，从不还嘴。

很快，广钦和尚就这样在别人的指责中过了一个星期。这天，监院师召集全寺僧众，重新宣布，功德箱并没有被盗。他跟众人解释道：“之前之所以那么说，是为了考验山洞坐禅十三年的广钦和尚。现在看来，他真有功夫。”

众人听后，不禁大惭。

“若有人谤我、欺我、辱我、笑我、轻我、贱我，我当如何处之？只是忍他、让他、由他、避他、耐他、敬他、不要理他，再待几年你且看他。”这不仅是佛家的态度，更是佛家的智慧。

但凡人们认准一件事，是很难改变的，尤其是在那事情发生之初。那时候每个人都觉得自己是对的，他们被情绪左右，因此看不到自己观点中的漏洞和可商榷之处。这时候，如果急着去反驳，他们会觉得受到了挑战，因此而暴怒，反而更加与你为敌。

且先忍耐下来，等到对方平静了，再将事情的来龙去脉都讲清楚，他们自然明白怎么回事。这时候，往往对方不仅不会再去反驳你，反而会真心诚意地向你道歉。

忍，并不是懦弱，而是懂得寻找解决问题的最佳时间。如果一味冲动，受了些许委屈便坐不住了，往往会错失机会，反而让小误会变成了大矛盾。那才是最不划算的。

接受突然的失去

月色朦胧的深夜，一个靠海的山洞里，老和尚正在盘膝打坐。突然，他听到了几声哭泣，声音好像来自山脚下的海边，听声音像是一个年轻女子。在如此时节痛哭，肯定有不寻常的事，于是老和尚从蒲团上立定站起，急忙向海边奔去。

果然，海边高高的岩石上，静伫着一个瘦削的身影。老和尚感到事情不妙，赶紧奔过去。就在他即将抓住那人的衣袖之际，那女子纵身一跃，跳入了海中。幸好老和尚水性不错，几经挣扎，几度沉浮，将那女子救上了岸。然而，被救活之后，年轻女子不但不感激，反而一脸的忧伤，埋怨老和尚多管闲事！

老和尚见状，没有生气，反而柔声问："施主年纪轻轻，为何如此想不开？"

年轻女人喃喃说道："这里是我的梦开始的地方，所以也应该在这里终结……"

原来，三年前，就在这海滨，她与一个前来旅游的年轻人不期而遇……两年前，他们爱情的结晶——一个活泼可爱的男孩出世了……然而，一年前，那个疼她爱她的男人，却因一次公差不幸殉职。她日夜不停地哭泣，好像天塌下来一样难以承受。更让她难以忍受的是，他们活泼可爱的宝贝儿子，也因疾而亡……

老和尚听完，不但没有开导她、安慰她，反而放声大笑："哈哈……"

女人被老和尚莫名其妙的笑愣住了，不知不觉停止了哭泣。

老和尚笑够了，问女人："三年前，就在此地，你有丈夫吗？"女人摇摇头。

"三年前，就在此地，你有儿子吗？"女人再次摇头。

"那么，你现在不是与三年前一模一样了吗？那时，你独自一人来到岛上，是想要到这里自杀吗？"女人愣住了。

老和尚说："三年前，你既无丈夫，又没儿子，一人来到这里。现在，你与三年前一模一样，仍是独自一人。今天，就像三年前那一天的延续，只不过是还原了一个你自己。所以，为什么不能重新开始呢？"

女人嗫嚅道：“我还可以吗？”

“当然可以！”老和尚看着她慈爱地说。

女人望着老和尚，久久不语，不过她的眼神正在变得越来越坚定。

最让人难以忍受的，其实不是一无所有，而是突然间的失去。当我们什么也没有的时候，我们一样可以获得快乐。不管那是穷开心也好，还是自找乐也罢。总之，多年以后回首，都会觉得那穷苦的日子是值得回味的，有很多让我们重拾快乐的瞬间。

可是，如果突然失去一切，我们便没了那份心境，而变得忧心忡忡，不可忍受了。

之所以这样，并不是失去的东西对我们太过重要，而是我们的心境变了。我们失去的，不仅是那曾经拥有的东西，更是那重新再来的勇气。

因为没了当初的勇气，所以落寞的富人才会沦为乞丐，他不信自己还能再赚来钱。

丢失财物不可怕，丢失自我和勇气才可怕，它会让人丧失感知快乐的能力、丧失重新再来的魄力。

第五章 通过努力得来的，才有价值

林语堂说：『鹤足的挺拔之美是逃离危险的结果，熊掌的雄壮之美是捕捉食物的结果。』只有在努力、追逐中展现出的美，才最动人。也只有通过自己的奋斗得来的东西，才真正有价值，能给人带来更多的满足和快乐。

懈怠毁掉你的当下与未来

空海大师是日本有名的修行者。有一年，日本发大水，很多村庄都受了灾，空海大师的家乡是受灾最严重的地方。

当地村民踊跃抗灾，大家一起对抗水患。但是，任凭大家怎么努力，修筑的护堤总是会被来袭的洪水一次又一次地冲垮。慢慢地，大家的体力快熬尽了，斗志也没了，一个个无精打采，脸上浮现出绝望的神情。这时候，如果再不鼓舞士气，修筑护堤的工程恐怕就要泡汤了，那样只能任凭洪水肆虐。

这个时候，有人提议把深得民心的空海大师叫来帮忙。

空海大师爽快地答应了。他说："出家人慈悲为怀，要普度众生。帮助大家修筑护堤，就是拯救生命。"

来到故乡，空海大师到处为大家讲法，鼓舞士气。他说："家是我们的依靠，也是我们的庇护之所，需要我们每一个人去维护，这是我们的责任，也是我们生存的保障。也许大家都很累了，但是我们还得努力，还得坚持，现在的松懈，或许会让我们获得暂时的放松，却会导致我们以后无家可归。要知道，我们今天的努力，是为了我们明天能够继续存活……"

大家听了空海大师的话，都提起了精神，又投入到了劳动当中。终于，护堤的工程在大家共同的努力下提前完工了。

修佛修的不仅是心境，更是处世、看世的智慧。空海大师之所以能够鼓舞大家，就是因为他给众人阐释了一个道理：我们的明天就是每一个今天的积累，我们今天做了什么，明天就能够得到什么。

乡民们看到的是眼前的困境，是付出之后无所得。空海大师给人们讲述的，是即使眼前无所得也要努力，努力后未必就能有美好的明天，但不努力，明天肯定不会到来。

很多人面对现实的困境都会产生类似村民们的想法。以为自己很努力了，以为自己一直在奋斗，可是却毫无所得。当看着终日努力的成果化成泡影，什么也剩不下的时候，懈怠是难免的。但这懈怠却是不可取的，它不仅毁了我们的今天，更是毁了我们的明天。

人生最重要的时刻，便是身处谷底的时候，这时候虽然身段最低，但不管往哪里走，都是爬向高处。不要抱怨努力没有回报，要想想自己的努力是否足够。

得到别人得不到的

圣严法师刚入东初老人门下时，住在文化馆内一间很小的房间里。虽然生活清苦，但他对修行与学习充满了向往。

没多久，东初老人找到圣严法师说："圣严，我知道你爱好读书和写作，所以你需要更多的空间，你搬到隔壁的大房间去吧！"

圣严法师非常高兴，很快就把自己的衣物搬到了大房间里。哪知第二天东初老人又对他说："你业障太重，恐怕没有足够的福泽来享受这么大的房间。你还是搬回小房间去吧！"

虽然心中稍微有些不满，但圣严法师还是照做了。他本以为搬回小房间之后就能够随师父参禅了，但没想到东初老人又提出让他搬回大房间。

此时，圣严法师已经非常不满了，觉得师父是在故意折腾自己，可还是尽量克制着自己的气恼，平心静气地对东初老人说："师父，我可以住在小房间里的。”听到这话，东初老人很生气，严厉地斥责了圣严法师，并要求他遵照自己的指示。

这之后，依照师父的要求，圣严法师不断地在大房间和小房间之间来回折腾。他也曾表达过抗议，但都遭到了否决，每次他都是出于对师徒伦理的重视，选择服从。

终于有一天，圣严法师领悟到，师父这样做不正是在磨炼自己的心性吗？于是，他不再抗议，也没了牢骚，而是心平气和地搬来搬去。当他不再犹豫，不再不满，也不再恼怒后，东初老人就让他住定不动了。

禅乃妙理，自然不会轻易便得。那未入巷者，以为只需参禅打坐就足够了，这是对禅的轻视。如果仅仅坐一坐禅，念一念经，就人人都能成佛，那佛的庄严何在？修禅，是需要做到一些别人做不到的事情的。

古人常说，“不经一番寒彻骨，怎得梅花扑鼻香”。要有所得，就要有所付出，想要得到的越多，需要付出的就越多。如果不想付出，只一味想着得到，那么所得者多半是些稀松平常的东西。

人来到世上，就是经历各种考验的，每经一次考验，便得一分成长。那些考验不是生活在折腾人们，而是在给人的成长创造机会。

行动即知识

唐代的智闲和尚曾拜灵佑禅师为师。有一次，灵佑禅师问智闲：“你还在娘胎里的时候在做什么事呢？”

还在娘胎里的时候能做什么事呢？智闲冥思苦想，终无言以对，于是说：“弟子愚钝，请师父赐教！”

灵佑禅师笑着说：“我不说，我只想听你的见解。”

智闲只好回去，翻箱倒柜查阅经典，企图从经书中找到答案，但没有一本书是有用的。他这才叹悟道：“本以为饱读诗书就可以体味佛法、参透人生的哲理，不想都是一场空啊！”

灰心之余，智闲一把火将佛籍经典全都烧掉了，并发誓说：“从今以后再也不学佛法了，省得浪费力气。”

决定后，智闲便去辞别灵佑禅师，准备下山。禅师没有任何安慰他的话，也没有挽留他，任他到自己想去的地方。

智闲找到了一个破损的寺庙，便住了下来，过着和原来一样的生活，但是心里总是放不下禅师的那个问题。

有一天，他随便把一片碎瓦块抛了出去，瓦块打到一根竹子上，竹子发出了清脆的声音。智闲脑中突然一片空明，内心澎湃。他感到了一种从未体验过的震颤和喜悦，体验到了禅悟的境界。于是立即赶到灵佑禅师身边，感谢道：“禅师如果当时为我说破了谜题，怎会有我今日的顿悟？”

知识分为两种，一种是直接的知识，一种是间接的知识。所谓直接的知识，就是从实践中得来的知识，是自己根据生活经验总结出来的。这样的知识更加扎实，也能给人更深的启悟。而间接的知识，则是从别人处听来的知识或从书本上看来的知识。这样的知识可以开阔我们的眼界，也可以增加我们的内涵，让我们变成一个渊博的人，但在给人的震撼上，往往不如直接的知识。

一个人想要真正成长，需要两种知识兼备。但在人生最关键的时刻，要更多地去依赖第一种知识，只有这样，才能让成长来得更彻底。靠听悟道，充其量不过是个高僧大德。靠行悟道，方能成为一方活佛。

在感到迷茫的时候、无所适从的时候，要听别人劝，但更需要自己去努力思考。结合自身思索出的出路，才是最最适合我们的。如果只想着依靠别人的指点，往往是事倍功半，只有用心去感受、去做、去悟，才能得到最深刻的体验，获得最深刻的人生道理。

自爱方有人敬

罗睺罗是佛教的第一个沙弥，他出家的时候年纪很小，只有十五六岁。不过，罗睺罗年纪虽小，却很聪明，而且悟性极高，因此颇得师父和其他师兄弟的喜爱。然而，他却有一个缺点，就是喜欢戏弄他人。这一点很让大家感到头疼。

有一次国王派了一位信者前来拜访，结果不巧，那天佛陀正好出去了。信者见到在佛陀门外坐禅的罗睺罗，便恭敬地向他询问佛陀在哪里。罗睺罗看了看那个人后，随手一指后院，便说佛陀在那边参禅。访客信以为真，便按照他所指的方向去了。罗睺罗看到访客离开的样子，忍不住哈哈大笑。后来，这件事被佛陀知道了，他决定教育一下爱说谎的罗睺罗。

佛陀将罗睺罗叫到身边，吩咐他为自己端一盆洗脚水。

罗睺罗本来很紧张，为自己的错误惴惴不安，而且看见佛陀的表情极为严肃，与平时慈祥温和的他判若两人，罗睺罗就更加紧张。因此，他连大气也不敢出，只是默默地端了一盆水过来，垂手站在佛陀身侧。

佛陀洗过脚之后，指着盆里的水问："罗睺罗，这个盆子里的水可以喝吗？"

罗睺罗看着佛陀，惊讶地睁大了双眼，回答说："这水当然不能喝。"

"为什么不能喝呢？"

"这盆子里的水已经洗过脚了，很脏，怎么能喝呢！"

佛陀依旧很严厉，正色道："难道你不觉得自己很像这盆水吗？你天资聪颖、悟性极高，放弃了尘世的富贵生活而皈依佛门。原本的你就像是本来清净澄明的水一样。可你却不珍惜自己的天分，反而用妄语痴念扰乱自己的身心，同时也戏弄了别人。出家人不打诳语，你却以此为乐，因此，现在的你就好比水中被沉入了污垢一样。你说，你今天的行为和往清水里倒污垢有什么区别？”

听到佛陀如此严厉的训斥，罗睺罗连头也不敢抬。他默默地把水端到门外洒了，一进门佛陀又问：“你会拿这个盆来盛饭吃吗？”

“不会。这盆洗过手足，沾有污秽，不能装吃的东西。”罗睺罗不敢看佛陀，站在门口小心翼翼地回答。

“既然如此，你为何不修戒定慧、净身口意呢？既然你已经是佛门的弟子，便该谨遵佛门的教诲，否则，大道之粮怎么能装入你的心中呢？”佛陀厉声说道。

刚说完，佛陀便抬脚将盆轻轻地一踢，盆就在地上滚了起来。

罗睺罗从来没有见过佛陀如此生气，内心更加紧张了，战战兢兢，一副惶恐的模样。

佛陀问：“你是怕盆子被踢坏吗？”

“不是。盆子是很粗的器物，坏了也不要紧。”罗睺罗低下头，喃喃地说。

“佛门中人，最重要的是有一颗慈悲心，万事万物都当珍惜，你如果不珍惜这个盆子，将来也没有人会爱护你。你出家做沙门，不重威仪，戏弄妄言，这个行为导致的后果，将是谁也不爱护你，不珍惜你。即使你天资再高，也难以修成正果。”佛陀说完，起身离去。

罗睺罗站在原地，思索良久，终于入了道的法门。

人爱人方能有人爱，这便是佛家的慈悲心；人自爱方能有人敬，这便是佛家的道德心。如果一个人不爱人也不自爱，那么结果只能是被人抛弃，从此再没人理他。这样的人，看似聪明，经常耍戏别人，其实是愚昧的。

因为那最后的结果都报应到了他自己的身上。

对人要尊重，对自己要有一个严格的要求。只有这样才能获得更多人的认可，有人认可了，生命自然便有价值。

追逐想要的

慧远禅师年轻时喜欢四处云游，有一次，他遇到了一位嗜烟人，两人同行走了很长一段山路，然后坐在河边休息。那人递给慧远禅师一袋烟，慧远禅师高兴地接受了，然后他们就在那里谈话，由于谈得投机，那人便送给他一管烟袋和一些烟草。

慧远禅师与那人分开以后，心想，这个东西抽了之后令人十分舒服，肯定会打扰我禅定，时间长了养成习惯就麻烦了，还是趁早戒掉的好，于是就把烟袋和烟草全部扔掉了。

之后他又迷上了书法，每天钻研，居然小有所成，有几个书法家也对他的书法赞不绝口，他转念一想："我又偏离了自己的正道，再这样下去，我很有可能就成为书法家了，而成不了禅师。"于是，他又放弃了书法。

就这样，慧远禅师放弃了很多东西，只想着一心参悟，多年以后，终于成为一位禅宗大师。

人会遇到顺境、逆境，也会遇到损友、诤友，同样会遇到各种干扰。面对这些，如何选择是最为重要的。

很多人以为选择的前提是比较，比较哪种效果更好。其实不是，选择的关键是审问，先要问自己的内心真正想要什么，然后选择那想要的。只有这样的选择才是成功的。

可大多数人都看不透这一点，依然要用比较的方式去选择。很多人都觉得丢了西瓜而捡起了芝麻是愚蠢的行为。可是，如果我们寻找东西为的是榨上一碗喷香的芝麻油呢？所以，凡事没有绝对的标准，不能因为一样东西比另一样东西可以给我们带来更多的利益就认定它是对的，还要考虑那样东西是否真的是我们想要的，如果不是，不妨放弃。

做好自己最重要

有一天，佛陀来到一个地方，遇到一个智者，那人正在钻研人生的问题。佛陀敲了敲门，走到智者的跟前说："我也为人生感到困惑，我们能一起探讨探讨吗？"智者毕竟是智者，他虽然没有猜到面前这个老者就是佛陀，但也能感觉到这人绝不是一般的人物。他正要问佛陀是谁，佛陀已经开口了："我们只是探讨一些问题，完了我就走了，没有必要说一些其他的事情。"

智者说："我越是研究，就越是觉得人类是一个奇怪的动物。他们有时候非常善用理智，有时候却非常的不明智，而且往往在大的方面迷失了理智。"

佛陀感慨地说："这个我也有同感。他们厌倦童年的美好时光，急着成熟，但长大了，又渴望返老还童；他们健康的时候，不知道珍惜健康，往往不惜牺牲健康去换取财富，等到有钱了，却发现身体已经累垮了，于是又用财富来换取健康；他们对未来充满焦虑，却往往忽略现在，结果既没有生活在现在，又没有生活在未来；他们活着的时候好像永远不会死去，但死去以后又好像从没活过，还说人生如梦……"

智者对佛陀的论述感到非常的精辟，说："研究人生的问题，很是耗费时间的。您怎么利用时间呢？"

“是吗？我的时间是永恒的。对了，我觉得人一旦对时间有了真正透彻的理解，也就真正弄懂了人生了。因为时间包含着机遇，包含着规律，包含着人间的一切，比如新生的生命、没落的尘埃、经验和智慧等至关重要的东西。”

智者静静地听佛陀说着，然后，他要求佛陀给他忠告。佛陀从衣袖中拿出一张纸，上边写着：“人啊！你应该知道，你不可能取悦于所有的人；最重要的不是去拥有什么东西，而是能从这些中获取多少幸福和快乐；富有并不在于拥有最多，而在于所要最少；很多事情错过了就没有了。”

智者看完了这些文字，十分激动。当抬头再看时，佛陀已经走了，只是周围还飘着一句话：“对每个生命来说，最最重要的便是：只有自己才是自己的主宰。”

别人非我，自然无我之乐；我非别人，自然无别人之福。每个人都有每个人的乐趣，每个人都有每个人的福报。这乐趣和福报是有所属的，很多时候我们以为的乐趣事，在别人看来可能索然无味。而别人的所谓幸福事，在我们看来不过稀松平常。

人最重要的便是做自己的主宰，不要让别人的看法左右了我们。年轻时候为了跟别人比斗财富，而牺牲自己的健康，等到老了只能牺牲财富换取那已经不如从前的健康。这些，都是不懂得主宰自己所致。

做自己，便是人生最大的乐趣，做出一个好的自己，便是人世间最为真挚的快乐。

做人生的主人

明朝有位名叫袁了凡的人，曾经遇到过一个算命很准的先生，那先生算出他的未来和他后来经历的几乎完全吻合。于是袁了凡就有了一种“顺天应命”的人生态度，他觉得，一切都是命里规定好了的，不需要再去争取了，到时自然会来。

有一年，袁了凡去拜访一位名叫云谷的禅师。云谷禅师跟他说，人的命运是可以改变的，修养内心，增进品德，就可以改变命运，并引经典作为证明。

袁了凡则告诉禅师，按那算命先生的说法，他自己考不上进士，而且没有儿子，他已经接受了这个说法。

云谷禅师问：“你自己想想，你能考到进士吗？应该有儿子吗？”

袁了凡想了很久，回答说“不应该”，并承认他在性格上有很多缺陷，太过急躁，心胸不开阔，不能容人，有时还仗着聪明来压别人，时而任性，说话刻薄，不注意别人感受。还有，喜欢喝酒，喜欢彻夜贪玩，不注意保养身体等。他认为这都说明自己德行不够，所以不应该有福气。

云谷禅师先肯定了袁了凡的说法，随后说：“你今天既然已经知道自己的错误，就可以改正……务必要积德，务必要宽容，务必要有爱心，务必要爱惜身体。从前的种种，就像昨天的你已经死了。以后的一切，就像你是今天刚出生的，这就是你精神生命的再生……”

袁了凡相信了云谷禅师的话，诚恳地接受了他的教导。他在佛前做了忏悔，并且表露心愿，发誓要做三千件善事，以报答天地祖宗。云谷禅师给他一个“功过格”，让他每天记录自己做过的事情。做了善事就记录上去，加一个数；做了坏事就减一个数。他说：“提高自己的修养，促使命运的转变。什么叫‘修养’？就是有什么缺点，都要想办法消除。能做到这一点，就达到了‘先天的境界’，这是真实的学问啊。”

从那天起，袁了凡每天都提醒着自己，努力向上。就是自己一个人的时候，也不敢做不好的事情，害怕得罪天地。遇到别人恨他、诋毁他的时候，也能有度量宽容了。他做了一本空表格，起名叫“治心编”。每天做的事情，大大小小都有记录，看自己做的善事有多少。后来，他的性格大大改善，而命运也越来越好。

命运无常，却可预测，不过那预测者不是算命先生，而是我们自己。若相信算命先生，那他们多半是准的，若不相信，则多半不准。就像袁了凡，算命先生说他考不中进士，他信了，因此放弃读书，那么必然是永远也考不上，反而觉得算命先生准。其实不是算命先生厉害，而是他放弃了努力。一个不学习的人，考得上进士才怪。

这便是算命先生的套路了，用暗示的方式改变人的生活态度，从而让人掉入他们的陷阱。

命运是自己的，也是掌握在自己手里的。有些东西，我们可能暂时无法得到，这不是命里注定没有，而是时候未到，我们还没有努力到那种地步。努力到了，自然想要什么就有什么。

坚持就是胜利

富楼那尊者是佛陀的弟子，且在佛陀十大弟子中说法第一。他听说输卢那国民风剽悍，人民没有信仰，于是便发心去那里弘法。行前佛陀问他：“那里人民顽劣，你为何去冒险？”

富楼那尊者说：“如果我不去谁去呢？越是危险的地方我越应该去。越是荒芜的土地，越需要我们佛法的哺育。”

佛陀说：“如果那里的人骂你呢？”

富楼那尊者回答：“他们只是骂我，并未打我。”

佛陀又问：“如果他们打你呢？”

富楼那尊者答：“他们只是打我，并未杀我。”

佛陀再问：“如果有人杀你呢？”

富楼那尊者平静地答道：“那就将这副皮囊送给他好了。”

佛陀听了后，说道：“你可以去了。”

富楼那尊者去输卢那国不久，就感化了那里的民众。

天下无难事，只怕有心人。只要有一颗勇于坚持的恒心、一颗不畏险阻的决心，便没有做不成的事情。人们没有成事，并不是因为不具备天机，也不是不具备条件，更多的是没有坚持到底，决心不够。

有决心，水滴可以穿石；有决心，铁杵可以成针。不要将拿着铁杵磨针的人当成是傻瓜，他们不是在做没意义的事，而是在创造不可能的事。这样的人，才是真正的智者。

愚公靠坚韧移山，精卫靠坚持填海。他们都做到了别人所做不到的，正是因为有着不可磨灭的决心。

要想，更要做

唐朝以前，我国所有佛经不多，而且多半是译本，少有原本，为了开阔眼界，解开更多的困惑，唐朝玄奘法师决定到佛教文化的中心——天竺（今印度）的那烂陀寺去求取真经。

决定之后，玄奘法师便开始着手准备：他先向长安的印度僧人学习梵文，然后跟在丝绸之路上往来的商人了解沿途国家的最新情况，之后到长安城外走步爬山、强身健体，最后，便是寻找同行的僧人。他认为，到佛国朝圣是每个僧人梦寐以求的，何求无伴？可是问遍了长安所有的寺庙以及在那儿挂单的外地僧人，响应者寥寥。

公元627年，唐太宗改年号为贞观。这一年，玄奘几次上书朝廷，请求出关，结果都未获批准。其他僧人一个个都打退堂鼓，他们劝玄奘再等等，说不定朝廷过段时间就会取消出关的禁令，但玄奘心急如焚，他一天也等不下去了。于是，他偷偷出了长安，独自一人踏上了取经路，这一去，就是十七年。

在天竺，玄奘法师向多位高僧学习佛经，因学识渊博而名扬全天竺，被当地大乘教徒誉为“大乘天”，被小乘教徒誉为“解脱天”。公元645年，玄奘法师回到长安，他所带回的经像舍利等有数百件，其中除佛像及佛舍利150粒之外，共请回佛经梵文原典520箧657部。一年后，由玄奘法师口述、弟子辩机记录的十二卷的《大唐西域记》成书了，译经院也建立起来。随后，玄奘法师开始了他的译经工作，一生共翻译经书75部，1335卷。

玄奘法师在佛界颇有盛名，民间对他也是推崇有加，后来更是有人将他取经的经历写成小说，就是著名的《西游记》。

玄奘法师之所以有如此成就，就在于他有一颗坚决的求真之心，同时也有着即刻出发的行动精神。大多数人都是有所求的，在内心给自己制订目标，给自己划定梦想，却少有实现的可能。不是那目标太过虚幻，而是缺少去做的勇气。

很多人都会夜半深思，觉得自己的生命中错过了很多美好的东西，也会下定决心，从明天开始便去追求梦想。可是一觉醒来，一切都成泡影，昨夜所发的誓言早已经忘到了脑后，再也想不起了，于是依然如昨天一样，浑浑噩噩地过日子。

想要有所成，不光要有目标，更是要有行动的魄力。目标就好比是数字零，而行动则是一，如果没有这个一的存在，不管堆积多少零，始终是什么都没有。只有将这个一置身于零的前面，这数字才有内涵。

滴水石穿

一个少年常年不得志，便来到寺庙寻找禅师，祈求开释。

禅师听了他一路以来的历程，没有说话，只是站起来，去庭院里舀了一瓢水。

禅师问少年：“看出水是什么形状吗？”

少年惊诧地问：“水哪里还有什么形状？”

禅师不语，把瓢里的水倒进一只水杯里。

少年突然有所悟，便说：“哦，水的形状像水杯。”

禅师还是没有说话，只是把杯子里的水倒进了旁边的大碗里。少年赶紧又说：“水的形状像碗。”

禅师摇摇头，捧起碗，把水倒入门外一个装着沙子的木盆里。水浸入沙子里，没了踪影。少年呆住了，不知说什么是好。

禅师说：“看见了吗？水这样溶入沙子，对于它而言，也是一生。”

少年听后，若有所思地说：“大师，您是想跟我说，做人要像这水一样，到什么样的环境就是什么吗？就好像我们这个社会，它就是水杯、是碗、是沙子，那么人进入这个形状的环境中就得按照它的样子生存，直至消逝。”

“你说得对，也不对。”禅师微笑着走到房檐下。少年跟了出来。

禅师说：“你摸摸那块台阶，看看它有什么不一样。”

少年摸了摸，说：“这里有一个凹处。”

禅师说：“你知道它的来历吗？”

少年摇了摇头。

禅师说：“下雨天，雨水会顺着屋檐往下掉。这个凹处便是雨滴砸出来的。”

到这里，少年方始顿悟：“哦，就算社会真的是个有形的容器，但也可像这水滴一样，靠自己的坚持改变它的形状。”

人常说现实残酷，现实确实残酷，但并非无法可解。你觉得绝望，不是现实没给你机会，而是你从未想过从现实中突围。一块大石头，人们对它是没办法的，不知怎样依靠自己的力量将之破坏，但小小的水滴却能做到。我们难道还不如水滴有力吗？非也，是不如它们那般坚持。

面对困难，不该被吓破胆，失去了斗志。拥有斗志未必能够成功，但没有斗志，则连机会都没有了。坚持，不是沿着不可能的路往前走，而是为了创造可能。如果觉得困难太盛，便觉得坚持是浪费时间，那便彻底失去机会了。

凡事都有个解法，今天没找到，自有明天，如果因为今天没找到，就认为这困难无解，那么丢失的就不仅是机会了，还有人生。

努力得来的才有价值

很久以前，印度有一位国王，是个行菩萨道、大慈大悲的国王。不论是谁，只要有求于他，都可遂意，远地的人，也都知道有一切施王这么一个人。

在他的邻国，有一个婆罗门子，父亲去世了，和母亲、姐姐三人相依为命。有一天，母亲叫儿子去向一切施王求乞，希望得到帮助。

可是，这时的一切施王，正面临着麻烦。原来邻国那残暴的国王正要攻打他的城池，想要占据他的国土。

朝中的大臣们都急得不行，可一切施王却和没事一样。第二天，邻国大军来到的时候，竟然没有遭遇任何抵抗就进了城。原来，一切施王为了不让百姓受战争之苦，昨夜留下印信，连夜走了。他自愿让出了城郭。

可是，贪婪的暴王却并不满足于此，他怕一切施王卷土重来，因此发重金悬赏，通缉一切施王。

一切施王离开王宫以后，一直往荒郊野外走去，大约走了五百里路时，恰巧遇见了那奉母亲之命前来求乞的婆罗门子。一切施王得知了小孩的遭遇后，甚表同情，并答应他，满足他的希望。

可是小孩子很怀疑，他想到一切施王身无一物，如何帮助自己呢？

一切施王平静地说："残暴王正在悬赏捉拿我。你现在把我杀了，拿了我的首级去见他，就有钱照顾你的母亲和姐姐了。"

小孩子不忍心，坚决不干。一切施王便叫他割自己的耳朵或鼻子送了去也可以，小孩子也不忍心，最后一切施王说："你不肯杀我，也不肯伤我，那么，就把我捆起来吧，押送过去，这样不就行了吗？"

小孩子年幼无知，不知道送过去一切施王就会被杀。因此觉得这样很好，便照着一切施王的话做了。

当城中的百姓，看到一切施王被捆缚着回来时，都悲伤不已！

有人把一切施王被缚的消息传给暴王，暴王喜出望外，随即命人带进宫里。当大臣们看到被捆缚的一切施王时，都伏地痛哭，声音极其凄凉，情景甚为感人，暴王也不由得动心，他问大臣们道：

"你们为什么如此悲伤？"

"请大王赎罪！我们看到这一切施王，为百姓自愿丢弃了国家和王位，现在更是把身体生命布施给人，而他一点也不觉得懊悔，他的行为实在伟大，我们受了感动，因此哭泣！"

暴王听了大臣们这么说，残暴的心渐渐地平息下来。当他又听小孩子叙述他的遭遇情形后，暴王也被感动了，他离开宝座，跪倒在一切施王面前，把印绶、国土全部归还给他，并且说："我得到你的国土，但我没有得到你的民心；你虽把一切都让了出来，但你拥有最宝贵的人心。现在我明白了，用暴力获得的东西没有价值，也不会持久，你的国家我还给你。”就这样，一切施王终于又平安地拥有了他的国土。

用暴力获得的东西没有价值，也不会持久。其实其他不正常手段获得的东西也是如此，只有经过自己努力，通过奋斗获得的东西，才有价值，也才能持久。

不要梦想着一夜暴富，更不要想靠歪门邪道来成就自己，那些都是歧途。只有通过正常渠道得来的，才是真正属于我们的。做人要做好人，做事要做好事，只有这样人生才有意义。

用心提升生命的质量

有一次，佛陀从杜提长者的门口经过，刚好长者家中养的狗在吃东西。杜提长者的这条狗非常受宠，就算它爬到大厅的躺椅上吃饭，也不会有人呵斥它，而且人们还会用最好的碗给它装盛最好的食物，放在它的面前。

当佛陀经过的时候，这只狗从椅子上跳了下来，对着佛陀狂吠不止。于是佛陀便对狗说：“你还未除去贪嗔痴念，无论过去还是现在，你都是这样。你的习气真是难断。”佛陀说完便转头离开了。狗听了佛陀的话后，无精打采地趴在地上，就算是主人叫它，它也不动。

于是主人便向佣人了解情况。佣人将刚才佛陀对狗说话的情形告诉了长者。爱狗心切的长者找到了佛陀，质问他为什么要欺负自己的狗。于是佛陀便告诉长者：

“你的父亲生前对自己的财产十分执着。他在家中埋藏了很多财宝。他对财富的执念很重，到死都放不下，最后，他竟投生做了你家的狗。正因为它前生是你的父亲，所以你们才会如此投契。”

杜提长者不信，他要佛陀拿出证据来证明。于是佛陀便说：“你去问你的狗家中的宝物埋在哪里吧。”

长者照着佛陀的话做了。结果，那只狗听了长者的问询后，在椅子下面用爪子一直刨着。长者赶紧叫人移开椅子下的地砖，果然发现许多财宝。此情此景让长者不禁感叹：“父亲对财宝如此执着，以至于往生后还成为一只守财狗。真是可怜、可悲、可叹啊。”

《金刚经》说，凡是叫得出名字的东西，都是虚幻不实的。为什么？因为有名便有体，那体终究会消失，幻化成泡影。只有那无名而又无形的心，才是永恒存在于世的。

可是太多的人却去追求那虚幻，而忘了实际的存在。

守着一堆钱财又有何用呢？人死灯灭，钱也便离我们而去了，随他而去的，还有我们多年的奔波和劳碌。此时，那些劳碌都成了无意义的奔忙了。花费时间去追逐那对我们无用的东西，实在是不划算。

钱，够用就可以了，其他的时间应该用来提升生命的质量。要懂得，我们的一切行为，终点都是提升自己的生命质量。为这一目的服务的努力才有意义，不为这目的服务的努力，不过是另一种浪费时间罢了。

路要自己走

在一片深山密林中，有一座“仙人居”，位于山巅。一日，一位年轻人风尘仆仆，从很远的地方赶来，为的是求见“仙人居”里的圣人，想拜他为师修得正果。

年轻人进了深山走了很久，突然前方的路分成了三条岔路，分别通向不同的地方，年轻人不知道哪一条路能够通向山顶，不禁开始烦恼。

忽然，年轻人看见路旁有一个老和尚在小憩，于是他走上前去，轻声唤醒老和尚，询问通向山顶的路。

老和尚睡眼惺忪地嘟哝了一句“左边”，便又睡过去了。年轻人便从左边小路往山顶走去。走了很久，路突然消失在一片树林中，年轻人无奈，只好原路返回。年轻人回到三岔路口时，那老和尚还在睡觉，年轻人又上前问路，老和尚舒舒服服地伸了个懒腰，又说了一句“左边”，便又翻身睡觉了。

年轻人正要分辩，转念一想，也许老和尚是从下山角度来讲的“左边”，跟自己理解得不一样，因此才会错了。于是，他又沿右边那条路往山上走去。结果跟上次一样，依然是一条死路。

年轻人再回到三岔路口，老和尚依然在那里，年轻人一见，气不打一处来，便上前推了推老和尚，把他叫醒，问道：“你一大把年纪了，为何还要骗我，左边的路我走了，右边的路我也走了，都不能通向山顶，到底哪条路可以去山顶？”

老和尚听了年轻人的指责，不禁哈哈大笑：“左边的路不通，右边的路不通，你说哪条路通呢？”

年轻人这才明白过来，应该走中间那条路。于是也不再跟老和尚理论了，沿着中间的路一路上了山。

年轻人来到“仙人居”后才发现，那圣人便是三岔路口的老和尚，此时他正在那里等着年轻人磕头拜师呢。

古人常说“纸上得来终觉浅，绝知此事要躬行”。很多事情，靠别人的指点是不行的，必须要自己经历。圣人之所以要给年轻人指错路，也正是这个意思，是在告诉他，很多时候，要依靠自己，只有走过才知道那是不是属于自己的路。

不要怕犯错，这世上没有不可原谅的错误。如果害怕犯错，或者害怕浪费时间精力，便不敢独自去闯出一条路来，而只想着靠别人指引，那么永远也无法长大。

路是自己走出来的，不是靠别人告诉的，只有亲身经历之后，才知道那路边有多少野花，有几流清泉。走错路也好过不敢独自去走路，虽然错路的终点不是我们想要的，但那路边的野花一样可以装点我们的生活，为我们提供不一样的体验。

看不如说，说不如做

释迦牟尼身为太子时聪慧过人，孔武有力，并完成了语言、文学、哲学、数学等诸多学科的学习，且成绩优异。然而他为了追求人生至理与生死解脱，毅然舍弃王位继承人的身份，冲出五欲享乐的牢笼，出家参学，甚而曾赴雪山历六年苦行。

当释迦牟尼发现当时印度所盛行的苦行并不能带来真正的解脱时，遂下山于菩提树下立下誓愿：若不悟道不起于座。七日后终于悟道成佛。

成佛后，释迦牟尼亦非自图清宁，而是悲悯于生老病死苦海、贪嗔痴三毒和陷于邪知邪见迷雾之中的芸芸众生。他不辞艰辛游化五印，广泛接触、点化社会各阶层人士。

释迦牟尼不仅以言教弟子们，还以身教说法，如他曾服侍生病的比丘，帮眼盲比丘穿针，为弟子裁衣，还曾向小比丘忏摩（意思是说请你容恕我）……

有一次，释迦牟尼看见地上不是很干净，便拿起扫帚，准备清扫。这时，舍利子大目犍和大迦叶阿难陀等都闻讯赶了过来，看到师父亲自扫地，也都纷纷效仿，加入其中。扫完后，佛祖和众弟子一起来到食堂，坐了下来。佛祖开释说："其实，扫地至少有五个好处，一是让自己心更清净，二是让他人心更清净，三是方便大家，四是养成劳动的习惯，五是培养良好的品德。"

看不如说，说不如做。但同时，做比说难，说又比看难。人们常会舍弃艰难而取那容易的，因此世上多是袖手的看客和多嘴的饶舌者，少有做事的人。

佛祖用自己的行动，告诉众弟子，要做就做那做事者，不做看客和饶舌者。多做事不仅可以积累生活经验、获得更多的动手能力，也能让一个人沉下心来，努力去实现自我。如果终日只是看别人做事，之后在旁边指指点点，只会成为一个嘴上明白，但毫无动手之力的人。这样的人，说得天花乱坠，却无半点用处，总会被这个世界淘汰的。

事事努力尽心，不求万全

古时候，有个书生和未婚妻约好在固定的时间成亲，可到了那一天，他的未婚妻却嫁给了别人。这件事让书生很受打击，他很伤心，并从此一病不起。

一位云游的僧人路过书生所在的村庄，听人说了这个情况，就决定点化一下他。僧人来到书生的家里，走到他的床前，然后从怀中摸出一面镜子来，叫书生看。书生接过镜子，发现看到的不是自己，而是一片茫茫的大海，有一名遇害的女子一丝不挂地躺在海滩上。

不一会，一个人从此路过，那人看了尸体一眼，却没有丝毫停留，然后摇摇头走了。

过了一会儿，又路过一人，看到这种景象就将自己身上的衣服脱下，盖在了女尸的身上，然后也走了。

又过了一会儿，远处又来了一个人，那人看到女尸后，走过去打量了一下，然后转身回去，不一会拿着一把锹过来，挖了个坑，小心翼翼地把尸体埋了。

书生正疑惑的时候，镜中的画面进行了切换。这时，书生看到自己的未婚妻，在洞房花烛夜，被她的丈夫掀起了盖头，二人脸上都洋溢着幸福的微笑。书生看到这里不明就里，就问僧人这一切是什么意思。

僧人接过镜子，解释说："那海滩上的情境是你们前生的经历。那具女尸就是你未婚妻的前世。而第二个路过的人则是你的前世。在前世中，你曾给过她一件衣服。她今生和你相恋，就是为了还你送衣服的情分。但她最终要报答一生一世的人，是在前世把她掩埋的人，那个人就是她现在的丈夫。"

书生听完僧人的话后，豁然开朗，病也渐渐地好了，自己也有信心去找下一段属于自己的姻缘。

有些是我们所爱的，却是我们所不能得到的。面对这类人或事物，不要太过执念，那是缘分没到。如果因为我们所喜爱却没能得到，便陷入烦恼，从而无法自拔，那便是自己折磨自己了。得知无法得到那人或事物的时候，我们受到了一次伤害，之后，我们又不停地回想起那场景，不断地进行自我伤害。

凡事皆有一个缘法，想要争取什么，尽到最大的努力就好了，不要想着一定得得到，那样是不现实的。要学会享受过程，淡化结果。只要过程中我们有所收获，有所感悟，便是成功了。如果一定要盯着结果不放，不仅无法体验过程中的美好，还会经常失望。

所谓尽人事，安天命。要事事皆努力，不要求事事皆万全。

不要别人的钱

佛陀住世时，有一对生活十分穷苦的老夫妇，常年只靠经营一小块田地聊以糊口，但是他们从来没有怨言，而且还经常无私地帮助别人。有一天，老两口觉得自己老了，剩下的时日也不多了，于是他们开始思考接下来的日子该怎么过，后来，夫妇俩商量利用剩下的这点宝贵时间，在去世之前做一件积达福德和增长觉慧的事。

碰巧佛陀最有智慧的一个弟子舍利弗就住在他们家附近。于是他们决定邀请舍利弗尊者到他们的家去，并接受午餐供养，然后他们在舍利弗面前祈祷，以得其加持。

第二天，这对老夫妇便请来舍利弗，以午餐供养，陈述所愿，并且得到了舍利弗的加持。当做完这一切以后，两位老人的生活又恢复了平静，然而令人惊讶的是，他们的稻米成熟的时候，那一小块稻田所产的根本不是稻米，而是黄金。很快，这件事情就传开了。

人人都在谈论金稻田的事情，这件奇闻也很快就传到了国王的耳中。国王听说此事以后大为震惊，心想："这怎么可能，怎么会有这样的事情呢？即使有，也该发生在我这个国王身上啊，我才应该是那块地的主人。"

于是国王立刻命令大臣没收老夫妇的土地和黄金，而将另一块同样大小的稻田赐给他们。使者奉旨前往，找到了老夫妇，宣读了国王的旨意后便叫他们搬到另一块土地上去居住了。但是当使者带着黄金回家交差时，却发现没收的金谷又变成稻米了，而在老夫妇移居的那块新地上的稻米却又变成了黄金。使者大惊，并以实情相报于国王，国王听后便说：“去，再照样做一次，把金米没收，看看接下来会怎样。”

这样连续做了五次，可每次的结果都一样，这下，国王也弄不明白了，当地的人也特别想知道这件奇怪的事情的缘由。于是大家一起去见佛，把这件事的过程描绘了一番，佛听后，微微点点头，便开始为他们解释了这其中的原因。原来这是老夫妇今生做功德与其今生得果报之间的业缘。

老人能够种出黄金来，是因为他们真心虔诚，这是上天给他们的补偿。国王没有做过类似的事情，自然没办法得到相应的结果。

一切皆有定数，是你的便是你的，不是你的便不是你的。即使地位再尊贵，一样无法改变这一事实。这是因果的安排，更是个人行为的报偿。

不要想着不付出便得财，那是不现实的。这世上从没有无缘无故的财宝，那无缘无故的财宝即使得来，也不长久。

我们拼命劳动赚来的钱，会被我们重视，我们也会珍惜，因此花起来便更加谨慎，不会胡乱挥霍。这样的钱，可以帮我们渡过难关。而街上捡来的钱，或者赌博赢来的钱则不然，我们会将之视为突然而来的好处，从而不懂珍惜，很快便会挥霍完。

这世上有的从来都是靠自己的劳动发家的，没有那靠捡钱或赌钱发家的。不是自己的，即使到手，也无太大的帮助。

不念无因果

弘法禅师一心参禅，在山腰处修了一座茅屋，专心清修，由一对清贫的母女供养。

由于一直没能明心见性，宏法禅师生怕信徒的布施难消，于是想出山寻师访道，探究身从何来，死去何处。

那对护法供养的母女听说禅师要出门，便要他多留几天，以便做一件衲衣相送。

宏法禅师一番谦让，结果推辞不过，便答应了。可是当晚，禅师突然感到愧疚，他想自己在此接受了多年的救济，却对母女两人丝毫无贡献，而自身也未得进境，内心不禁有些焦躁。

恰巧第二天，山下的一个财主来找禅师，说自己要广施仁德，因此要大大布施于禅师。禅师本不喜财物，可是想到可以将这笔布施转赠供养他的母女，便答应了。

结果，当晚禅师内心惶恐，一直无法心安。最终才恍然大悟，自己焦躁是因为做了错事。他突然明白，要报答恩主，可以通过自身修行，修行有了结果，恩主的供养自然也就有了功果。还可以通过自身的努力去回报他们。而如今，自己却借着别人的钱财，布施自己的功德，实在不应该是一个出家人该做的事情。

于是，第二天那财主又来的时候，弘法禅师以自己无用财物之处，断然拒绝了对方的大笔布施。

几天之后，禅师终于要启程了，等他走的时候，才听说，那财主被抓去坐牢了。原来，那人根本就不是真心做善事，而是钱财来路不正，知道自己做的事情即将败露，因此想转嫁禅师罢了。

听了此事，禅师说了句："惭愧。"最终也没有收那对母女的衣服，独自下山去了。

佛教的因果业缘实在不可思议，就算悟道了，如果没有修证生死轮回，仍难免像弘法禅师，虽然悟道，可是空受膳食，没有对人间做种种弘法度生的功德，殊为可惜。

凡事皆有因果，若一件事只有果而没有因，则其中必有蹊跷。弘法禅师所遇到的就是一件有果无因的事情，那果是凭空来的福利，而他并没有付出应该得到这福利的劳动。即所谓未付出却得实。

这无因之果是每个人生命中的障碍。那些不想劳动，却做着发财梦的人，在这障碍中；那些刚刚付出一点努力，就觉得自己应该获得巨大成就的人，也在这障碍中。

这份障碍，会让一个人失去奋斗的意识，而只想着天上掉下馅饼来。结果自然是等不到馅饼，而只能凭空饿死。世上从没有凭空而来的财富，也不会有没来由的成就，一切所得都是需要付出的。而且，付出之后也未必就有所得。因此那些没付出就能得到的，多半不是好来路，不是需要我们在另一个方面付出更多，就是骗子们凭空设置的诱饵。

修佛也好，修世也好，都讲究一个因缘所成，只有付出足够的因，那缘、那果才会到来，享受起来也才更加方便。

未经炼狱，怎见天堂

法远禅师在开悟之前，与天衣义怀禅师听说北方叶县有一位归省禅师，道行很高。便邀八个人前去参学。

到达归省禅师的地方时，适逢天冷，大雪纷飞。归省禅师一见八人就呵骂，不接受他们挂单，驱逐他们离开。众人当然不肯离开，归省禅师就用一盆水泼在他们身上。天气寒冷，冷水淋身，其他的人终于不能忍耐，愤然离开。

唯有法远与义怀整衣敷具，长跪祈请。归省禅师呵斥道：“还不他去！难道要等我用棍棒打你们吗？”

法远禅师诚恳答道："我两人千里迢迢，来此参学，岂可因您水泼、棍棒责打便去？"

归省禅师听后，便接纳了二人。

法远禅师挂单以后，担任典座煮饭之职。有一次，他没有事先禀告，就用油、面做了五味粥供养大众。归省禅师知道以后，非常生气地说："你盗用常住之物，私供大众。除依清规责打外，并依值偿还。"说后法远禅师受了三十香板，衣物钵具估价后悉数充公，偿还常住，然后被赶出寺院。

法远禅师虽被驱逐山门，仍不肯离去。每日于寺院房廊下立卧，并且到外面去诵经，赚钱，偿还常住不足的数目。归省禅师知道后，又呵斥道："寺院的院门房廊是常住公有之所，你在此行卧，该拿房租钱还给常住。"

法远禅师毫无难色，到市街上诵经托钵，以化缘所得偿还。不久，归省禅师对大众说道："法远是真正参禅的法器。"叫侍者请法远禅师进堂，当众付给衣法，住持位子交给他，号为法远圆鉴禅师。

浮山法远圆鉴禅师一生得力之处，就是为法忍耐。用现代的话说，就是经得起考验。凡事都不是一蹴而就的，若一朝便能达成所愿，那愿望多半稀松平常，于我们帮助甚少。想要达成真正的宏愿，忍耐，是第一位的。

常言道："未经炼狱，如何见得天堂。"真正有价值的，往往都在那荆棘中，需要闯、需要熬、需要忍，挨过时间，受过苦难，方能真正得到。

那些跟法远禅师同来的参者，一盆水都挨受不了，怎么可能成佛。若成佛不需些试炼，那佛也就不配众生供养了。

一样东西，有多大价值，跟我们得到它时所付出的努力是相关的。坐在家里就能得到的，对我们帮助往往甚少，走到田里劳作才能获取的，才是真正的果实。

宏愿，是每个人都有的，但若不懂忍耐，不想为自己的愿望付出，那么这愿望则永远无法达成。

不畏艰难

很久以前，有一只名叫欢喜首的鹦鹉，它与许多鸟兽同住在雪山对面的大竹林中。有一天，竹林起了大火，火苗迅速地蔓延开来，竹林瞬间化作火海。鸟兽们都非常害怕，四处逃窜。

眼见这一幕，欢喜首心中不忍，便飞向远处的大海取水。大海距此遥远，竹林面积广大，欢喜首根本就不可能扑灭大火，但它仍毅然前往，奔赴大海，沾湿翅膀，回到竹林抖落翅膀上的水，希望扑灭大火。

就这样，它不停地在大海与竹林间往返奔波，不辞辛苦，几乎累死。

欢喜首的大慈悲精神撼天动地，惊动了天宫的天主释提桓因。释提桓因惊讶地问："是何业力竟使忉利天宫发生如此震动？"

于是用天眼观察，发现了欢喜首的行为，不由得大为感动。于是，释提桓因来到了欢喜首的面前说："竹林如此大，你来回所沾的水不过几滴，根本无法扑灭大火，为什么还要坚持？"

欢喜首回答："我相信只要有愿力，就一定能灭火，即使牺牲性命。如果我牺牲了性命也不能扑灭大火，我愿来生再继续灭火，直到大火熄灭为止！"

佛说，每一种善行都有回声。在修行的道路上，每一种愿力都能有美好的回报。只要有坚定的禅心在，多么愚钝的和尚都能成佛。

千里之行，由足下始，只要坚持不懈，总有走到终点的一天。怕就怕被那困难吓倒，从而不敢去尝试。凡事只要尝试了，便有机会，连尝试都不敢，是永远也不会成的。

不要被那看似艰巨的困难吓倒，只要有一颗恒心，靠着百折不挠的意志，一定可以做成自己想要做的，得到自己想得到的。

时时存储

在河南宝应院的南院慧颙禅师，是临济禅师的门下。有一次开释大众说道：“现在各禅林间，对于啐啄之机的问题，仅具有啐啄同时的本体而已，尚未具有啐啄同时的妙用。”啐啄是比喻时机成熟，时机成熟当下就能契悟之义。

有一位学僧听了以后，向前问道：“请问禅师什么是啐啄同时的妙用？”

慧颙禅师解释道：“啐啄是像击石出火、闪电出光，间不容发的时机所做的。如果你要用意识去分别的话，便失去机用了。”

有一位学僧听了，不满意地说道：“我尚有疑问，给你这么一说更糊涂了。”

慧颙禅师听了以后，就用一根棍棒对学僧打了过去。学僧正要开口辩解，慧颙禅师就将他赶出山门。

这个学僧受了这一次的挫折以后，来到云门文偃禅师座下参学。一日，就将其离开慧颙禅师处的情形告诉文偃禅师的门人听。文偃禅师的门人听后问道：“慧颙禅师棒打你，此棒折断了吗？”

学僧听了这一句话后豁然有悟，便赶快回到南院想向慧颙禅师忏悔。但慧颙禅师此时已经圆寂了，南院宝应寺已由风穴延沼禅师担任住持。风穴延沼就问他道：“你当时是怎么不服先师的？”

学僧回道：“我当时好像是在灯影摇晃中走路一样，就自己怀疑没有肯定自己。”

风穴延沼禅师探问了究竟后说道："那么你现在已经会了，我给你印证。"

谚语有云："饭未煮熟，不要随便一开。蛋未孵熟，不要妄自一啄。"一啐啄妙用，当下一刻，即是新的生命的开始。慧颙禅师的打逐，只是孵化期中的妙用。文偃门人的一句"棒有折断吗？"这才是一啄，真正的更进一层的妙用。

人找东西时，最是奇妙。一样常用的东西，也存在于自己的记忆当中，可是无论怎样翻箱倒柜，就是寻不着。等到用不到它的时候，却又凭空出现了。有时，则是明明在自己的视野之内，却视若不见，经别人提点之后，方才恍然大悟。其实道理也是如此。

很多道理都在我们的头脑当中，有一个固定的位置，但我们却不知道它的妙用。再或者就是，别人跟我们诉说一个道理，但我们却听不进去，觉得不过平平几句话，毫无智慧。可时过境迁，多年之后有了足够的经历，再回想起那话来，方才明白其中的智慧所在。于是开始懊悔，当初怎么就那么愚钝。

学僧便是如此，慧颙禅师早已经将道理讲给他了，可他并没有契悟，修行多年后，经文偃禅师门人一句提点，方明白其中的真义。对学僧来说，那说教是个铺垫，那提点才是顿悟。

我们都是学僧，却不要刻意去做那学僧。不要将别人珍视的、与我们感触不大的道理不当回事，牢牢记在心中，总有给我们启迪的一天。

只有头脑中存储得足够多，用的时候才有东西可以拿出来。

自己的事情自己做

禅门的禅师教学时，常常是用点到为止的启示。

比方说，禅师们常说，你就是佛。意思是：人人有佛性，就看你能不能直下承担。

有一个信徒问赵州禅师：“参禅学道，怎样才能开悟？”

赵州禅师听了这个问题以后，从自己的座位上站起来，对信徒说：“我没有时间回答你的问题，我现在要去小便。”说完就往前走。走了几步又回过头来，对信徒说，“你看，像小便这样一点小事，还得要我自己去做。”

赵州禅师的这句话的意思是：我要大便、小便，你能代劳吗？我要吃饭、穿衣，你能代替我吗？如何参禅开悟，你不能问我，要问自己。

禅宗这样的教学作风，多么活泼、多么高明、多么透彻。

在佛教里我们常听到人说：“各人吃饭各人饱，各人生死各人了。”有些事情别人是不能代替我们的，像参禅悟道，必得要自己去实践；像读书，别人不能代替我们读书；像修养道德人格，别人的人格道德，不是我们的。

很多人都参不透这一点，常常想着别人能帮我们做些本属于我们的事情。别人为我们参禅，结果就是他成了佛，而我们依然是打坐的禅僧；别人帮我们学习，结果就是他获得了知识，而我们成了文盲；别人帮我们修人格道德，他成了圣人，而我们依然在做错事。

不管做什么，那结果和过程都是相连、相关的，有什么样的结果就有什么样的过程，谁付出了那过程，谁就能得到那结果。自己想要结果，却要别人帮着完成过程，是不可能的。所谓鱼和熊掌不可兼得，大抵如此。

不要妄想安逸，安逸只是暂时的舒服，在它背后的是永久的痛苦。也不要想着偷懒，偷懒只是一时闲适，换来的必然是一生的奔忙。生活中，处在哪个阶段就努力去做那个阶段该做的事，不要让别人帮忙，也不要幻想着会有人代劳。

上学时，好好学习，毕业了自然有一份好工作。工作中兢兢业业，用不了多久自然有属于自己的事业。若是上学时逃课，那么毕业后自然无工作可寻。若是工作不认真，用不了多久，自然工作也就丢掉了。不要相信奇迹会出现，也不要相信会有人帮我们。愿意为我们免费做事的只有父母，可即使是他们，依然无法给我们提供所有。

直下承担，自己的事情自己做，自己的事情自己去做好，不假手他人，就是最大的智慧。

撒种才有粮收

有一个年轻人，常常觉得生活没有任何意义，除了悲伤就是烦恼。

一天，他听说远方的深山里有一位得道高僧，能够帮人答疑解惑，便跋山涉水地来到这座寺庙，向老禅师请教解脱之法。

忧郁的年轻人问："禅师，我究竟应该怎么做，才能够挣脱这悲观痛苦的深渊，得到充实而轻盈的快乐呢？"

禅师回答："微笑就好，对自己笑，也对他人笑。"

忧郁者仍然困惑，又问："可是我没有微笑的理由啊！生活如此艰辛，我怎么有心情微笑呢？"

禅师说："第一次微笑是不需要理由的，你只要尽情地绽放自己的笑容就可以了。"

"那么第二次、第三次呢？一直都不需要理由吗？"

"不要担心，有了第一次之后，微笑就自己来找你了。"

忧郁者踏上了返乡的归程，老禅师微笑着目送他离去。

不久以后，寺中来了一位快乐的年轻人，他径直来到老禅师的禅房外，轻轻地敲了敲门，说："禅师，我回来了。"他的声音中充满了喜悦。

老禅师并未开门，在屋内问道："你找到微笑的理由了吗？"

“找到了！”年轻人兴奋地说。

“那么，你是在哪里找到它呢？”

“当我第一次对来向我借东西的邻居微笑的时候，他也同样给了我一个微笑，那一刻，我突然发现天空是那么辽阔；因此，当我出门走在路上被一个人撞到时，并没有愤怒，而是送给他一个微笑，而他给我的则是发自内心的歉意和感谢，那一刻我感觉生活是多么美好；我继续前行，发现了一群在草地上玩耍的孩子，看到天真的他们，我发自内心地朝着他们微笑，之后，他们拉着我加入了他们游戏的队伍……那以后，我把微笑送给路上的行人，送给街边休息的老人，甚至送给曾经羞辱过、欺骗过、伤害过我的人，与此同时，我也收获了高出我所付出几倍的东西，有赞美、感激、信任、尊重，也有自责和歉意。这些让我更加自信、更加愉快，也更加愿意付出微笑。”

“你终于找到了微笑的理由。”禅师轻轻地推开房门，微笑着对他说，“假如你是一粒微笑的种子，那么，他人就是土地。”

“假如你是一粒微笑的种子，那么，他人就是土地。”其实不仅微笑如此，赞美、无私等都是如此。很多时候，我们收获不到这些，不是因为这个世界太过冷漠，而是我们没有撒过相应的种子。没有撒种子，自然没办法收获果实。

不管什么事，都是相对的，都要付出才能得到。我们没有对别人友好，别人自然不会对我们友好。在为这个世界对我们不公而烦恼的时候，不妨换个角度，想想我们是否为这个世界做过什么。如果自己什么都没有做过，那么凭什么让世界给我们回报呢？想要得到先从付出开始，要微笑，就先向别人微笑；要赞美，就先赞美别人，那样世界将更加温暖。

第六章 真心对待生活，生活才会真心对待你

生活就像一面镜子，你对它笑，它便对你笑；投它以认真，它才会回报以认真。如果用稀里糊涂的态度去面对生活，得到的必然是一塌糊涂的人生。认真不是古板，而是一种精益求精的态度。只有精致，才能提升生活的品质。

平等最安全

有一次，佛陀和阿难出外游行，在路上碰到一个喝醉了酒的弟子，那人已醉得不省人事了。佛陀看到后，就命阿难抬那人的脚，自己抬头，将那人一直抬到井边，之后打上来一桶水，叫阿难把他洗濯干净。

还有一次，佛陀看到门前木头做的横楣坏了，便自己动手去修补。

这样的事情，佛陀做过很多。一次，一个弟子生了病，没有人照应他，佛陀就去问他说："你生了病，为什么没人照应你呢？"那弟子说："从前人家有病的时候，我不曾发心去照应过；现在我有了病，所以也没人来照应我。"佛陀听了这话，就说："别人不来照应你，就由我来吧！"说完就将那病弟子的大小便等种种污秽，洗濯得干干净净，并且还将他的床铺理得干净、整洁，然后扶他上床。

又一次，佛陀看到一位老年比丘要穿针缝衣，无奈眼睛看不清楚，嘴里嚷道："谁能替我穿针啊？"佛陀马上走上前去，说道："我来替你穿。"于是便走过去为他穿针。

这世间本是平等的，但人们却极力去追求不平等，总想让自己凌驾于别人之上。有些人为此执着了一辈子，结果弄得自己身劳体累。他们不知，像佛陀那种大智慧、被人崇拜的佛祖，其实正是追求平等的。也正因为这份追求平等而被人崇拜。

很多僧人，仗着自己年长，有些道行，便会卓然独立，想凌驾于其他僧侣之上。却不知，这样正是成佛路上的阻碍。

这世上只有小格局，没有小人物。每个人身上都有其闪光点，没看到不是那人不具备，更可能是没有发现的眼睛。只因为自己没看到别人的厉害之处，便觉得自己可以凌驾于别人之上，是不得体的，也是不明智的。觉得自己有些身份，便不屑于去做一些小事，不愿帮助一些看起来不如自己的人，一样是不得体的，也是不明智的。

人生在世上，便有被别人尊重的道理。真正尊重别人，将一切以平等态度看，才能获得更多人的认可和帮助。自觉将自己放在众人之上，可以站得更高，但也要遭遇更大级别的风雨，摔下来的时候也会更痛。人最安全的时候，便是掩身于众人之中，与众人一同经历风雨。这不是滑头，而是真正的智慧。就像水滴，卓然独立自然能让更多人看到它的透明，却很快就会干涸。只有置身于大海，才能得到永生。

用心做好一点点

佛陀在舍卫国的时候，座下有个比丘名叫槃特，他总是很用功地参研打坐，可是却一点进展也没有，所以大家经常嘲笑他愚笨。

佛陀怜悯他，于是亲自教他一偈，并且详细解释偈语的意思和内涵。

佛陀对槃特比丘说："我教你的虽然只有一句话，可是只要你牢牢记住，用心体会，一样可以求得佛道。"

槃特比丘感怀佛陀的慈悲，每天都苦念这句偈语，并用心思考和记忆，终于理解了其中隐含的妙法，不禁心中豁然开朗，证得阿罗汉，终成为佛陀的罗汉弟子之一。

有一次，佛陀派槃特罗汉去一座精舍为众僧讲诵经文。消息传来，比丘们笑翻了，七嘴八舌地说：

"哈哈！那个一字半偈都不会的傻瓜居然来给我们上课讲经，真是滑稽！”

“我们来想办法嘲笑他，让他出丑！”

“好啊！明天我们等着看笑话吧！”

比丘们边说边想象着槃特的狼狈模样，开心地笑成一团。

第二天，槃特罗汉来到比丘们的精舍，众比丘忍住笑，请槃特罗汉开讲经文。只见槃特往那高位上一坐，双目正视前方，说道：

“说来惭愧，我年纪虽大，学的东西却不多，今天来为大家讲经，不过尽力为大家讲解一偈罢了，希望各位静下心来听我说。”

槃特罗汉说这些话时，底下仍然窃窃私语。槃特罗汉也不管底下的反应，便开始讲佛陀亲自教他的那一偈：“守口摄意身莫犯，如是行者得度世。”然后将偈语所说的道理仔细地说明、解释。

槃特罗汉认认真真地讲解着，本来想捉弄他的比丘们听了这样高深的法理，知道他的道行远远超过自己，心里万分懊悔，纷纷跪在槃特罗汉的脚下叩头自责。听完法后，五百比丘杂念顿消，纷纷证得阿罗汉道。

参一句而印证得道，那岂不是这一句之外再无佛法了吗？其实不是。佛家常说，禅不立于文字，不是说文字无用，而是说不要执着文字。这跟槃特罗汉以一句佛法而印证得道道理是一样的。

印证成佛靠的不是佛法，靠的是用什么样的心去对待佛法。佛法不过是成佛的工具，从来都不是佛。可是，用心对待佛法，便可成佛，如果不够用心，那么便永远与佛无缘了。

槃特罗汉正是靠着自己的用心，才得到印证的。凡事都是如此，用心去做，哪怕只关注未必真正重要的一点，一样能够成就事业。可是不用心，做什么事都流于表面，那么即使接触再多的领域，一样是一事无成。

不做名利的奴隶

有一个精通卜算的禅师，经常为大家排忧解难，深受人们尊重。

一天，禅师闲来无事，为自己算了一卦。卦上说，在后天的凌晨，当启明星消逝时，他在人世间的阳寿也就尽了。

禅师看了结果后，既惊讶，又哀伤。虽然修禅之人要将生死看淡，但是自己身体一直都很好，没有任何的兆头，所以难免带着丁点的情绪。

平复心情之后，禅师把这个消息告诉了弟子。很快，附近的人们都知道了，大家都觉得很惋惜。当地人都觉得，禅师不仅卦算得准，而且慈悲为怀、乐于助人，是个德行高的有道禅师，于是人们纷纷来到寺院，想为他送行。

禅师交代完自己的后事后，开始静静地等待启明星的离去、死期的到来。

这一天，东方的天空被朝霞一点一点地染红。禅师站在窗前，看着楼下为自己祈祷的人们，心情有些沉重。他还没想好用怎样的方式来告别人间，又担心万一启明星消失后，自己气数尚存，该怎么跟别人交代。楼下都是敬重自己的人，一旦卦出错，多年来的名声就付诸东流了。

启明星开始慢慢地暗淡了，一点一点地变弱，最后消失了。雀跃的欢呼声从人群中涌起，大家都为禅师逃过一劫而高兴不已。但是，当所有人都沉浸在庆幸的喜悦当中时，禅师却从楼上一跃而下……

禅师是禅门人，却也是门外客。说他是禅门人，因为他有高深的道行，能解很多人的困厄；说他是禅门的门外客，因为他度得了别人，却度不了自己。

禅师最大的问题，便是放不下，他放不下的不是利益，而是名誉。世事本无常，谁也无法保证永远正确，可禅师却要建立一个永远正确的形象，为此，他竟赔上了自己的性命，实在可怜。

要认清名誉是为我们服务的，是我们的所属，如果被名誉所累，那么就成了名誉的奴隶了，那样，我们便成了名誉的所属。成了名誉的所属之后，便会像禅师那般，因为太过在意自己的名声，而付出沉重的代价。

人是为自己活着的，不是为别人活着的。如果在我们内心中，别人的看法大过了自己的看法，便会成了名利的奴隶，也便失去了自我。一个没有自我的人，必然是一个奔波劳累，却难得快乐的人。真正的快乐是找到自己想要的，而不是去追求别人认可的。为了别人的看法活着，是走入了生命的歧途。

活好每一天

禅门中有很多得道高僧，经常会说出让人摸不到头脑的话来。在外人看来，这些回答是驴唇不对马嘴，但在内行看来，却大有深意。

一个学僧问赵州禅师："听说你曾亲见过南泉禅师，是真的吗？"

赵州禅师回答说："镇州出产大梦萝卜头。"

一个学僧问九峰禅师："听说你亲自参拜过延寿禅师，是真的吗？"

九峰禅师回答说："山前的麦子熟了吗？"

赵州、九峰禅师，英雄所见略同。

一个学僧问赵州禅师："佛经上说，'万法归一'，那么一归何处？"

赵州禅师回答说："我在青州缝了一件青布衣服，有七斤重。"

又有一个学僧问赵州禅师："当身体死亡归于尘土时，有一个东西却永久留下。我知道这个东西，但这个东西留在什么地方呢？"

赵州禅师回答说："今天早晨刮风。"

有学僧问香林远禅师：“什么是祖师西来意？”

林远禅师回答道：“唉，坐久了，真感到疲劳啊！”

有学僧问憨山禅师：“佛是什么？”

憨山禅师回答说：“嘿！我知道怎样打鼓。”

学僧问睦州禅师：“谁是各位佛祖的老师？”

睦州禅师哼起了小调：“叮咚咚咚……”

学僧又问他：“禅是什么？”

睦州禅师合掌念道：“南无阿弥陀佛。”

但这学僧迷惘地眨着眼睛，不了解他的意思。

于是睦州禅师大喝道：“你这可怜的孩子，你的恶业从何而来呢？”

这学僧仍无所悟。

睦州禅师就说：“我的衣衫穿过多年之后，现在完全旧了，松松地挂在身上的碎片，已吹上天空了。”

又有一次，一个学僧问睦州禅师：“什么是超佛越祖之说？”

禅师立刻举起手中的杖子对大家说：“我说这是杖，你们说它是什么？”

没有人回答。

于是他再举起手杖问这个学僧：“你不是问我什么是超佛越祖之说吗？”

一个学僧问洞山良价禅师：“谁是佛？”

洞山禅师随口答道：“麻三斤。”

佛法之妙，就妙在这些看似混乱实则有序的答案当中。学僧们问的都是最高深的佛法，禅师们答的却都是日常的生活。学僧在问佛在何处，禅师在答眼前事物。这眼前事物便是佛的归处，那日常生活，便是佛法的所在。

人最重要的，不是有多么宏大的目标，不是有多么大的抱负，也不在于成就了多大的事业，而是在于活好每一天。我们的每一天都开心，那么我们的一生就是开心的。我们的每一天都忧愁，那么我们的一生就是忧愁的。人生最大的失败，就是用几十年的忧愁，去换取几天的开心。

那些盯着宏大事物从而让自己陷入烦恼，想用十几年甚至几十年的痛苦去换取成功，从而获取短暂的快乐的人，才是最不懂得生活的人。

结交能带来快乐的人

隋末唐初时候，有一位非常洒脱的禅师。他总是随身携带一个大大的布袋，四处云游，化缘说法，为世人指点迷津。当时的人们都称他为布袋和尚。相传，他是弥勒佛为度济世人转世而来。有一天，一位居士在路上碰到了他，看到他手中的布袋便猜到了他的身份，于是便上前和他聊了起来。

居士："敢问和尚法号是什么？"

布袋和尚："我有一布袋，虚空无挂碍。展开遍十方，入时观自在。"

居士："和尚云游四方，布袋中都有什么行李呢？"

布袋和尚："一钵千家饭，孤身万里游。睹人青眼在，问路白云头。"

居士："弟子愚顽，想向禅师请教什么是真正的佛法？"

布袋和尚："即个心，心心是佛，十方世界最灵物。纵横妙用可怜生，一切不如心真实。"

居士还想接着问，没想到布袋和尚已经飘然而去，不再理他了。

布袋和尚用不答之答应对居士，点拨之后直接离开，可谓潇洒。这份潇洒劲头，跟弥勒佛祖的形象也是十分契合的。

布袋和尚的几个回答，看似与问题无关，其实是包含大智慧的。

人们常常执拗于彼此的形貌特征等外在的标签，因此去探究彼此的身份。其实何必呢，用眼睛看、用心去体会就好了，问出来的，未必就是真实的。只有真正接触到的、感受到的才是真正的对方。

了解了一个人之后，便会在意对方所拥有的了，还会想要探究一下对方的身份、家底等。其实这也大可不必，我们要结交的是这个人，只要他能给我们带来快乐就好了，何必管他有什么呢？像布袋和尚，空无一物，但肆意洒脱，可以给人以启示，岂不是比那些达官贵人能给我们的更多！要结交，就要结交那些能让我们更加快乐的人。

两个人结交之后，便是想要彼此的提点了。对于心灵相通的朋友，自然不会要求对方给予自己物质上的帮助，而是常常会向对方请教人生的道理。其实，这也没什么必要，只要真心相交，自然能够从他们的行为中体会出道理来。如果不是用心地生活，即使他们给我们提点，一样如隔靴搔痒，无大裨益。

将物质看淡，人生才能快乐

憨山禅师云游四海，到处宣扬佛法的博大精深。有一天，因为说法太久而耽误了行程，无法前往附近的寺庙投宿，没办法，憨山禅师只好去附近的人家借宿一晚。

禅师敲开一家人的门，说明了来意。但是屋主却拒绝了他的请求，说："不好意思，我们家不是旅店，所以不收纳陌生人。"

憨山禅师听了这话，没有走，而是站在门口继续和屋主交谈："你说你家不是旅店，但要真正地说起来，你家和旅店并没有什么区别。"

屋主不以为然，说："你何以证明我家是旅店？你要是真的把我说通了，我就让你在我家借宿一晚。"

憨山禅师问他："你没有住这个房子之前，主人是谁？"

屋主回答："我父亲。"

禅师又问："你父亲之前又是谁在这里住呢？"

屋主答："我祖父。"

憨山禅师接着问道："如果有一天你离开了这个世界，房子又是谁住呢？"

"当然是我的儿子呀！"

憨山大师微笑着点点头，说："是啊！你不也一样，最终还是要离开这幢房子吗？岂不是和我一样，都是旅客而已？"

屋主猛然觉悟。

憨山大师当晚便留了下来，安心且舒服地住了一晚。

人都是赤条条地来，又赤条条地走。那些我们所没有的，终将得到；那些我们所拥有的，终将失去。

有大厦千间，也只能睡一张床，但很多人却更在意那千间厦而忽略了那一张床。他们不知这样做，便是将那无用的千间厦压在了自己的心上，而忘记了那承载自己的一张床。

真正在意的、追求的，应该是为我们用的，而不是给我们带来负累的。将物质看淡，人生才能快乐。

量力而行，量情而诺

一位高僧在去说法的途中遇到一个人，那人一副愁眉苦脸的样子，看起来心情很不好。于是高僧走上前去，问他："遇到什么不能解决的事情了吗？这么烦恼。"

那人说："我确实是遇到令我烦心的事情了。我老家在郊外，那里现在还住着我的亲戚，还有从小一块玩到大的朋友。后来我到县城谋了一份职，并在县城安家立业。这之后，老家便总有人来找我，想要我帮着在城里找份差事。可是，差事哪那么好找啊，我只得到处托人，尽力想着要帮他们一把。于是，从老家来找我帮着谋差事的人越来越多，我真的没办法给他们找那么多差事做了！”

高僧问他：“既然你那么为难，遇到这种事情，你为什么不拒绝呢？”

他回答：“我怎么拒绝啊，我怕拒绝了他们，他们会觉得我这个人摆架子，又怕他们因此而失去了信心。更何况，那些都是我的亲戚、朋友，是跟我关系最近的人，我怎能开得了口呢？”

高僧说：“凡事量力而行，能做到的就去答应，不能做到的就不要答应。你现在无法帮他们找到工作，却又答应了他们，那岂不是对他们更大的伤害吗？这样你也会在他们那里更加没面子。跟他们讲清楚你的状况，让他们明白你的难处。同时，用你自己的奋斗经历，给他们提供参考，交给他们求职经验。你要是真心对待他们，我想，即使没有给他们提供工作，他们一样不会怪你，同时还更加喜欢你。”

那人回去后，便按照高僧告诉他的方法接待来自老家的人，给他们提供求职帮助，很快，他之前的难题就解决了。即使那些求他未果的人也不会觉得受到了冷遇，因为他是在用真心帮助他们。

凡事量力而行，不要承诺自己能力之外的。凡事量情而诺，不要因为怕丢面子、不好意思拒绝，就去承诺自己办不到的事情。那样不仅会影响到彼此的关系，还会丢失自己的信誉。

很多人不是不明白应该拒绝对方，而是不知道该如何去拒绝，或者不好意思去拒绝。却不知，这份不好意思带来的结果必然是更加的不好意思。到那时，后悔已经来不及了。

拒绝不是否定，而是寻求最佳的解决渠道。没有能力办成却给出承诺，不仅是对自己的信誉不负责任，更是耽误了整个事情的解决，这是最要不得的。

不轻言轻信

起初，无果禅师在寺中修行十年，却一无所得。于是，他便决定出外游学，以期佛法精进。

无果禅师走遍名山大川，见了无数得道高僧，终于有所精进，然而依然达不到无物无我之境，未免内心有些焦躁。

这一日，行脚当中，禅师得知当地有一位颇有名望的年长居士，便急忙去拜见，以期有所收益。

那居士见了禅师，便问他从哪里来，已经到了什么境界。禅师谦虚有礼，报了来处，之后说于佛法虽有所悟，但总觉境界不到，所以来见居士，希望能有所指点。

居士听了禅师的话，以为禅师佛法不精，不禁有些轻视。他开口说道："我早已得道，已入无物无我之境。不信你看我这住处，虽然华丽，但我内心宁静。你要多加努力，才能得道。"

禅师谦虚说道："我自觉法力不够，不敢享乐，生怕堕入魔道，荒废了修行。"

那居士呵呵一笑，说道："万事在心不在物，似我内心如止水，自然可享受荣华。且身处荣华而获得内心安宁，本身就是一种修炼。你的道法不对，自然无所成。"

禅师深以为是，称谢离开。然而，他却发现，这一番交谈乱了他的心，从此再无宁静，不知该如何修为好了。后来无果禅师遇到一位得道高僧，便将那居士的话去请教，高僧听后大怒。呵斥道："荣华处自然可以修行，但你那居士，到底想要的是荣华还是修行？"

这一句，震得无果禅师愕然无语，继而恍然大悟。

原来，那居士本与法道无关，不过借法道来掩盖享受之心罢了。

尽信书不如无书，凡事不可轻言轻信，要懂得对比和发现。如果只相信一家之言，并将之奉为圭臬，那么离被骗也就不远了。那时候，善良的尊者也会变成恶徒的帮凶，而且，越是善良、忠厚的尊者，给恶徒的帮助会越大。因为他把他的那份真诚用在了不该用的地方。同时，虔诚的佛徒也会堕入魔道，且越是乐于轻信的，就堕入越深。

这世上没有统一不变的道理，也少有能应对一切的理念。想要变得更加聪慧，就要懂得比较，从更多的渠道了解信息，加以整理和比较，最后得出自己的观点。这样才能避免上当受骗，否则，自当后悔不及。

跟快乐做朋友

有一次，波斯匿王带着群臣，骑着大象出外巡游。途中，波斯匿王看见一个满头白发的老人从远处迎面走来，于是便叫停了众人，说让老人先慢慢走过去，别让浩大的队伍吓着他。

老人也早已看到了队伍，他本想在路边等一等，让队伍先走。但是看到队伍先行停下了，也就放心大胆地往前走了。老人走过波斯匿王身边时，波斯匿王微笑着问他：“您老年纪不小了吧？”

老人伸出了四个手指头。

波斯匿王纳闷了，“四”是什么意思？难道才四十岁吗？可是头发胡须都那样白了？

老人看着波斯匿王，露出了天真的笑容，解释道：“我今年四岁。”

“四岁？”波斯匿王十分诧异。

“对！”老人坚定地说，“我的生命是从四年前修行后才算真正开始的。那之前，我是糊涂的、懵懂的，甚至是虚伪的，我觉得那时的我不应该算是活过。如今，虽然我身已老，可是我抛开了一切，尽自己的力量付出、布施，不同人斤斤计较，不为外事挂心，反而身心轻安，越活越年轻。所以，我说，我的年龄才四岁。”

波斯匿王听了老人的话，十分欢喜，说：“老人家，你虽然修行才四年，可是你的生命却具有真正的价值。”

古人说：“朝闻道夕死可矣。”之所以有这个说法，在于对生命质量的追求。在求道者眼中，得道之前是不算活过的，得道之后才算是活。对于一个浑浑噩噩多年的人，能有一夕活着的体验，自然便了无遗憾了。佛家常说的生命的意义不在于长度而在于质量也是这个意思。

懂得生命的人，会用时间追求快乐；不懂生命的人，则常常用痛苦去追求快乐。用时间追求快乐的人，每一分钟都有好心情，他们只做自己爱做的事情。用痛苦追求快乐的人则不然，他们会去从事自己不喜欢的事，为的是获取更多的金钱以及地位，然后体验金钱和地位给自己带来的快乐。前者是快乐的朋友，后者不过是快乐的奴隶。

做就要做那快乐的朋友，终日与快乐为伴，不要做那快乐的奴隶，不做让自己痛苦的事情，不从事让自己痛苦的工作，那样只会得不偿失。

快乐是需要体验的，不是需要追求的。

过犹不及

无相禅师行脚时，突然口渴，便四处寻找水源，这时看到有一个青年在池塘里踩水车，无相禅师就向青年讨了一杯水喝。

青年看着禅师，以一种羡慕的口吻说道：“禅师！如果有一天我也看破红尘，肯定要跟您一样出家。不过，我出家后不会像您那样到处行脚、居无定所，我会找一个隐居的地方，好好参禅打坐，从此不再抛头露面。”

无相禅师含笑问道：“那你什么时候会看破红尘呢？”

青年回答：“我们这一带就数我最了解水车的性质了，全村的人都以此为主要水源，如果有人能接替我照顾水车，让我无牵无挂，我就可以出家，走自己的路了。”

无相禅师问道：“既然你是最了解水车的人，那么我问你，水车全部浸在水里，或完全离开水面会怎样呢？”

青年答道：“水车是靠下半部置于水中，上半部逆流而转的原理来工作的，如果把水车全部浸在水里，水车不但无法转动，甚至有可能被急流冲走；水车若完全离开水面便不能打水上来了。”

这时，无相禅师说道：“车与水流的关系不正说明了人与社会的关系吗？如果一个人完全入世，纵身江湖，难保不会被五欲红尘的潮流冲走；倘若全然出世，自命清高，不与世人来往，则人生必是漂浮无根。同样，一个修道的人，要出入得宜，就要既不袖手旁观，也不投身粉碎。”

过犹不及，凡事适度最好，走极端总是不妥当的。可人们却偏偏爱走极端。

有的人觉得自己太过孤寂了，不能做到事事圆融，无法跟所有的人相处好。于是他们便开始改变自己，企图做到见人说人话、见鬼讲鬼语，觉得那样才是真正的成熟与智慧，却从没想过，见人说人话、见鬼讲鬼语虽然能圆融处世，可自己在哪里呢？一个天天讨喜别人，而没了自我的人，自然不会幸福。

有的人则会觉得自己入世太深了，从而没有了自己思考的时间，于是便开始追求孤独。总是想把自己关在屋子里，享受那份难得的宁静。长此以往，便荒漠了世事，不与人来往了。这样也不好，会让人失去跟人交往的能力，更重要的是，无法再适应这个社会。

这两者，便是过犹不及了，都是要不得的。

要入世，但也要保持自我，不要被人情绑架，莫要用牺牲自我的方式入世。要给自己留出独处的时间，以方便自省，但切不可刻意追求这种自省。只要偶尔为之便好了。入世处世也是讲求一个度的，把握好度才是真正的圆融。

真心为念

暴雨刚过，道路一片泥泞。一个老太婆到寺庙进香，一不小心跌进了泥坑，浑身沾满了黄泥，香火钱也掉进了泥里。老人并没有忙着起身，而是在泥里捞个不停。一向慈悲的富人刚好坐轿从此经过，看到了这个情景，便想去扶她，可转念一想，那样会弄脏身上的衣服，于是便让下人去把老太太从泥潭里扶了出来，之后送了一些香火钱给她。老人十分感激，连忙道谢，之后继续往庙的方向走去。

守寺僧人看到老太太满身污泥，连忙避开，说道："佛门圣地，岂能玷污？你还是把这一身污泥弄干净了再来吧！"

瑞新禅师看到了这一幕，径直走到老太太身边，扶她走进大殿，笑着对守寺僧人说："旷大劫来无处所，若论生灭尽成非。肉身本是无常的飞灰，从无始来，向无始去，生灭都是空幻一场。"

僧人听了禅师的话，问道："周遍十方心，不在一切处。难道连成佛的心都不存在吗？"

瑞新禅师没有直接回答他，而是望着那富人坐的轿子，嘴角浮起一抹苦笑，说道："不能舍、不能破，还在泥里转！"

守寺僧人听了禅师的话，顿时感到无比惭愧，垂下了目光。

瑞新禅师回去便训示弟子们：“金钱珠宝是驴屎马粪，亲身躬行才是真修行。身躬都不能舍弃，还谈什么出家？”

修行不仅要静心，还要舍身，将自己的肉身、七情六欲都抛弃掉，才真正是个修行人的模样。如果太过在乎那外在，虽身在禅门，也不过是个穿着僧袍的俗人罢了。

这一点，富人做不到，他太在意自己的外表，虽有一片善心，一样不得功果；那守寺僧人也做不到，他空有一副佛相外表，却悟不出修行的真义。

真正的善，是不带一点私心杂念的善，不会因为对方是个乞丐就不施与，不会因为对方衣着华丽便多施与。如果那样，施出的便不是善心了，而是功利。如果那样，施舍的对象就不是人了，而是衣服。

真心为念，才是真正的境界，也只有这真正的境界，才能彰显一个人的品格。

不做钱的奴隶

从前有位长者，勤劳能干，逐渐累积了大量的家财。这长者因为是穷苦出身，知道钱财来之不易，所以极为悭吝。他是不该花的钱不花，该花的钱也不花。

这年当地大旱，农民颗米无收，大量难民四处逃荒讨饭。长者仗着家中积蓄丰富，颇有余粮，自然没有饥馑之困。

这一天，一个和尚来到长者门前化缘，结果长者拒绝给他施舍。那和尚对长者说：“若是往日，我定当自行离开，可如今不同，你是必须要施舍给我的。”

长者听闻，说道：“你这和尚，忒也不晓事理，我这家财，乃是辛辛苦苦得来的，你一个不事生产的人，凭什么定要我施舍与你？这与强抢何异？”

大和尚说：“我并不是抢你，而是救你。如今大旱，四处都是难民，同时强盗猖獗。我劝你广施粮米，多行善事，你碰到什么事的时候，自然有人帮你。如果你依然固金自守，恐怕危险来临之时，你便成了孤家寡人了。”

长者听了不以为然，反而呵骂说：“你这和尚就是想要我的米吃，所以故意拿话来胡说，我才不信你的，也不会给你。”

说完，关了大门，再也不理人了。

没过几日，附近一伙强盗听说长者家中钱粮颇丰，便上门强抢，结果没人帮这长者抵御，家中财物被强盗们洗劫一空。长者想起和尚的话，后悔不迭，不过已经晚了。

节俭是美德，吝啬则是恶习。可很多人分不清这二者的差别。不浪费、不该花的不花，视为节俭；而该花的也不花，那便是悭吝了。

金钱乃是流通之物，放在那里，不过是一堆堆废纸罢了。只有将之花出去，它们才有价值。金钱给人带来的快乐和愉悦，仅仅在于它从我们手中流出的那一刹那。在手里的时候，它给我们的不是愉悦，是安全感。

完美的人生，是既有安全感又愉悦的。如果心中已经有足够的安全感了，还是不肯拿出钱来获取愉悦，那么便是吝啬了。消费金钱能获得的最大愉悦，不是购买东西，而是帮助别人。

不要守着金钱不放，手里只要有足够应急的钱财就可以了。太多便成了负担，这时候应该用它们去帮助别人，而不是将之死死留在家里。

白得的饭菜不香

在无量山，有一个年幼的放牛娃，他每天骑在牛背上，唱着小曲，自由自在。有一天，他遇到一个紫色脸膛的白眉罗汉，问他：“小孩，你叫什么名字？”

放牛郎摇了摇头。

白眉罗汉来到他跟前，说：“我看你相貌奇异，想给你起个法号，也算你的名字了，好吗？”

放牛郎点了点头，那白眉罗汉就说：“你就叫无名吧！我送你一个蓝色宝盒，你想得到什么就能得到什么。”说完，就不见了。

无名回过神来，手上已经多了一个闪闪发光的蓝色宝盒。

小无名想试一试宝盒的魔力，就说：“宝盒，我想吃一顿美味的佳肴，可以吗？”

于是，他眼前便出现了一堆美味佳肴。

小无名饱饱地吃了一顿，不禁对宝盒很是满意。他从小就没了爹娘，一个人住在半山腰的一件破茅草屋里，做梦都希望自己能有一个好点的房子。于是，就对蓝色宝盒说：“兄弟，你还是再辛苦一下吧，我想有间房子。”

马上，他眼前就出现了一所漂亮的房子，两边还有牢固的牛棚。

小无名欢跳着进了自己的家，并将牛群赶进牛棚，此时，天色已晚，他来到卧室，躺在柔软舒服的床上迷迷糊糊地睡着了。

迷糊中，只见白眉罗汉来到他的床前，对他说：“无名，你要记住：要善用宝盒，尽快领悟成功的意义，不然，你就会丧失已经拥有的一切。”

第二天醒来，小无名急忙寻找宝盒，却发现它就在枕头旁边。他对着宝盒说：“兄弟，我昨晚梦到白眉老人让我尽快领悟成功的意义，你能告诉我答案吗？”

刚说完，一张画飘到小无名眼前，画的是一个人在田间低头播种。

小无名想了想，还是不明白。

这时，又一张图画飘到眼前，这幅画上是一条弯弯的没有尽头的大道，一个小孩、一个小伙子，还有一个老头正专心地朝前走。

小无名对着两幅画看了很久，还是不明白，便说：“我想长大成人，明白更多的道理！”

突然之间，小无名成了一个英俊的青年。

“我想有个漂亮的媳妇！”无名又说。

蓝色宝盒开始吱哇吱哇地叫，还是变出了一位绝代佳人。

无名这下高兴了，蓝色宝盒终于能休息一会儿了。

从此，无名带着他那漂亮的媳妇一起放牛，一起欢歌，日子过得无比快乐。一个月过去了，无名不再去想那个烦人的问题：什么是成功的意义。很快就到了雨季，一连几天的连阴雨，堵了门，无名没法再出去放牛了。

他躺在床上，突然想到牛群冬天吃的草还没贮备呢！

于是，他扭头对蓝色宝盒说：“兄弟，你想个办法，让我不用再操心，不用再劳累，不用再做事，好吗？”

可是，这次宝盒居然没有理他，他拍了一下宝盒：“听见了没有？兄弟！”

蓝色宝盒终于开口了：“听见了，但你从现在开始，就不再是我的主人了！”

“为什么？”

“因为无名就是不断地尽心做事，你有这样的想法，当然就不是无名了，也当然不再是我的主人。”

“不！不！我还要当无名！你不要走，不要离开我！”

“你想重新成为无名，就去修行吧，等你领悟到成功的真谛，我自然就回来了。”

眨眼间，蓝色宝盒消失了，漂亮的媳妇消失了，房屋也消失了……

第二天，无量山的无音庙多了个和尚，名字叫无名。

所谓成功的意义，便是奋斗，如果不懂得奋斗，哪怕有美丽的妻子、坚固的房子，一样无法过上好的生活。因为随着人的堕落，这些总有一天会失去。就像无名一样，他太过享受安逸了，因此，才没了之前的一切。

世上没有白来的财富。那白白送钱给我们的，不是骗子，就是要考验我们。如果将这些看成是命里注定的福缘，那么不是被人骗到，便是通不过考验。只有通过自己双手得来的，才是真正属于我们的，也才是真正稳固的。

一呼一吸

有一天，佛祖把弟子们叫到法堂前，问道："你们说说，你们天天托钵乞食，究竟是为了什么？"

弟子们几乎不假思索地回答："世尊，是为了滋养身体，保全生命啊。"

佛祖接着问："那么，肉体生命到底能维持多久呢？"

这时，一个弟子抢着回答道："有情众生的生命平均起来大约有几十年吧。"

佛祖听后摇了摇头："你并没有明白生命的真相到底是什么。"

另外一个弟子想了想又说："人的生命在春夏秋冬之间，春萌夏发，秋凋冬零。"

佛祖还是笑着摇了摇头："你觉察到了生命的短暂，但也只是觉察到了短暂而已，依然没有看到生命的真相。"

"世尊，我想起来了，人的生命在于饮食之间，所以才要托钵乞食呀！"又一个弟子一脸欣喜地答道。

"不对，不对。人活着不只是为了乞食呀！"佛祖又加以否定。

弟子们面面相觑，一脸茫然，又都在思索另外的答案。这时一个烧火的小弟子怯生生地说道："依我看，人的生命恐怕是在一呼一吸之间吧！"

佛祖听后连连点头微笑。

人都是惜命的，因此往往更愿意将目光放在人生的长久上，因此，便常常忽略了那极其重要的短暂。

我们喜欢春夏秋冬，喜欢长命百岁，因此便紧紧盯着这些，却忘了，那瞬间的一呼一吸如果停止了，则一切长命百岁的愿望也就落空了。这便是认知的局限了，只见结果不见过程。

须知，结果是宏大的，但这宏大源于过程中一个个渺小的积累。好比赚钱，赚到百万的时候，自然是开心的，但这百万却是一分分积累而来。如果在没钱的时候，眼睛就只盯着这百万，而不在意那一分分积累的过程，那么这个愿望永远也不会实现。

结果固然重要，但形成结果的过程更加重要，没有那一步步的前行，怎能到达千里外的目标？

不入梦境

闷热的夏日午后，灵佑禅师午睡刚醒。

弟子慧寂入室问询，灵佑禅师见是慧寂，便将头朝墙转了过去。

慧寂见状，谦恭地问老师：“您为何如此呢？”

灵佑禅师坐起来，说道：“我刚才得一梦，你试着为我圆圆看。”

慧寂没有言语，只是静静端了一盆水给师父洗脸。

过了一会儿，灵佑禅师的另一弟子智闲也前来问询。灵佑禅师对他说道：“我刚才小睡中得了一梦，慧寂已为我圆了，你也替我圆圆看。”

智闲答道：“我在下面早就知道了。”

灵佑禅师笑了笑：“哦？那是什么呢？你说说看吧。”

智闲同样没有言语，只是沏了一杯茶，端到灵佑禅师面前。

灵佑禅师对自己的两位徒弟很是称赞："你们二人的见解比舍利弗还要好！"

灵祐禅师要圆梦，可两个弟子都没有为他圆梦，但灵祐禅师却夸奖他们，在一般人看来，实在有些难以理解。这便是佛法的高深处了，很多时候，佛法不是用来说的，而是用来体悟的。

两位弟子一个端脸盆让师父洗脸，一个端茶给师父喝，这些都是师父当下需要的。灵祐禅师刚刚午休完毕，自然要洗脸，洗过脸了，自然需要喝茶。这就是他们两个给出的答案：那梦已过去，且本身虚幻，何必在意呢？应该把握当下，做当下该做的事情。

这便是灵祐禅师欣赏二人的地方了，他们懂得放下虚幻、回归现实。

幻想或许可以给人带来瞬间的愉悦，却终究不是事实，无法让人一味沉溺其中，总是要醒来的。而这个沉溺的时间越久，人的损失就越大。

忘了那不切实际的幻想，把握好当下，做好现在应该做的事情才是最重要的。

生活面目

唐朝时，有一位懒瓒禅师隐居在湖南南岳衡山的一个山洞中，他曾写过一首诗，表达他的心境：

世事悠悠，不如山岳，卧藤萝下，块石枕头；

不朝天子，岂羡王侯？生死无虑，更复何忧？

后来，这首诗传到唐德宗的耳中，德宗心想，这首诗写得如此洒脱，那作者一定也是位洒脱飘逸的人物吧！应该见一见！于是就派大臣去迎请懒瓒禅师。

大臣拿着圣旨东寻西问，总算找到了懒瓒禅师所住的岩洞。大臣见到懒赞禅师时，禅师正在洞中生火做饭。大臣便在洞口大声喊道："圣旨驾到，赶快下跪接旨！"洞中的懒瓒禅师，却装聋作哑地毫不理睬，依然在忙活弄吃食。

大臣见没人回应，便探头去瞧，只见懒瓒禅师用牛粪生火，正在煮地瓜，那火愈烧愈炽，整个洞中烟雾弥漫，熏得懒瓒禅师鼻涕纵横，眼泪直流。大臣忍不住说："和尚，看你脏的！你的鼻涕流下来了，快擦一擦吧！"

懒瓒禅师头也不回地答道："我才没工夫为俗人擦鼻涕呢！"说着夹起炙热的地瓜往嘴里送，并连声赞道，"好吃，好吃！"

大臣们感觉这人实在奇怪，便凑了过去，走近一看，惊得目瞪口呆，懒瓒禅师吃的东西哪是地瓜呀，分明是像地瓜一样的石头！懒瓒禅师顺手捡了两块递给大臣，并说："请趁热吃吧！"

大臣们彼此看看谁都没有接。懒瓒禅师看出了他们的疑惑，说道："世事皆由心生，万物源于法识。贫富贵贱，生熟软硬，又有什么差别呢？"

大臣听不懂那些深奥的佛法，更看不惯禅师这些奇异的举动，便赶回朝廷，添油加醋地把懒瓒禅师的古怪和肮脏禀告皇帝。德宗听后并不生气，反而赞叹地说道："我们国内能有这样的禅师，真是我们大家的福气啊！"

懒瓒禅师实在是潇洒僧人，他的潇洒在于活得真实，有一便是一、有二便是二，自然看清一切，不受烦恼所困了。他所说的"世事皆由心生，万物源于法识"便是说，事物都有自己的规律，对于这些规律，我们遵从就好了，如果太过在意，觉得一定要按照自己的意愿来，就有些不知天高地厚了，那样的人，烦恼是必然的，当然，那烦恼也是自找的。

遇事冷静，自然有一份深邃；凡事随缘，自然无限洒脱。真正懂得生活的人，一定是那尊重生活的人。生活自有它本来的面目，由它便好，何必要强作生活的主宰，去与那千百年来的规矩作对呢？

生活无高低

弘一法师修行的是律宗，因此克己甚严。法师长期坚持日食一餐、过午不食的戒律，而且他只吃萝卜、白菜之类的普通蔬菜，从不吃价格昂贵的冬笋、香菇等素馔。

法师还视钱财如粪土，从来都是随到随舍，不积私财。而且，除了几位故旧弟子外，他还极少接受其他信徒的供养。据说，夏丏尊先生曾赠给法师一副美国出品的真白金水晶眼镜。法师推脱不过，最后收下了，可马上将其拍卖，得五百元，然后把钱送给了泉州开元寺购买斋粮。

其实弘一法师的家庭环境十分优越，他的父亲去世时，甚至连直隶总督李鸿章都来帮忙操办丧礼，可见其家族之显贵。法师年轻时家中经营多家银号，那时他出手阔绰。待他留日归来后，家族事业已经破产，富贵日子一去不复返，经济条件一落千丈。但法师并没有怨艾，依然安然度日，靠工作养活家人，还不时挤出一部分钱接济贫困学生。

待到开悟出家时，弘一法师更是决绝，他不仅舍弃了家庭，还把自己的财物全部奉送出去，其中有很多珍贵的书画，是纵有千金也难求得的，真所谓赤条条来去无牵挂。

法师出家后，僧衣、铺盖都很寒简。一次，法师应邀去青岛湛山寺弘法，寺中的一位火头僧认为他是一代高僧，必然前簇后拥，吃穿用度都非常华贵。谁知与法师亲见后，发现他衣着极为普通，饮食也极其简单，不禁大为惊疑，认为法师有作秀之嫌。

有一天，这火头僧抓机会悄悄走进大师所住的寮房细细查探，结果看到房内异常朴素，床上是破旧的衣服和被褥，桌上只有几部经书，毛笔已经用秃了。这时才明白，原来大师是真的安于清贫的。

弘一法师常说“淡有淡的味道”，他之所以能够安于简朴，便在于他懂得享受淡的味道。一杯清水，别人看来枯燥无味，法师却能品出一份清凉；一碗素菜，别人觉得寡淡难咽，法师却能品出一份安然。这便是境界了。

富有富的好，穷有穷的妙。真正快乐的生活不在穷富，而在于是否符合自己所要。有的人喜欢香车宝马，有的人却认为独处净室更能让自己开心。前者大胆追求梦想便是，后者不畏别人的品评便是。

生活本无高低，能分出高低的是我们所处和想要是否统一。若简单能够带来快乐，那么简单生活就可以了，不要管别人的评价。

去做就好

一连几日暴雨，山下的村庄遭遇了洪水。住持心怀慈悲，命令小和尚拿出寺里储存的粮食去救济山下受灾的村民，小和尚回来后向众僧说了这样一则见闻：大水像吃人的魔王一样，不但冲垮了不少房屋，还淹死了很多村民。一个村民的妻儿都掉进了河里，他竭尽全力从洪水中救起了妻子，却只能眼睁睁地看着自己的孩子被洪水冲走。

众僧听罢，议论纷纷。有人说农夫做得对，因为孩子可以再生一个，但妻子若死去，便不能再来了。有人则说农夫做得不对，因为妻子可以另娶一个，孩子没了，却不能再来。

众人争论不休，声音越来越大，连在隔壁的住持都听见了，住持来到了他们中间，止住了众人的争论，然后笑了笑，命小和尚再次下山，问问村民当时是怎么想的。

第二天，小和尚再次下山，他几经辗转，找到了村民，问他当时的情况。那村民回想起这件事，痛不欲生，哭泣着讲述：当时洪水袭来，妻子就在身边，他抓起妻子就往山坡游。待返回时，孩子已被洪水冲走了。

小和尚将村民的话原原本本地告诉了住持，住持笑着对众僧说：“洪水袭来时，妻子和孩子被卷进旋涡，片刻之间就会失去性命，这个村民如果进行一番抉择，事情的结果会是怎样呢？”

众人恍然大悟。

很多事情是没有理由，也不需要理由的。之所以如此，不是我们没有给出理由的能力，而是没有给出理由的时间或机会。就像那个村民，当时的情境下，他面临的不是选择救哪个，而是能够救哪个。如果这时候想救人的理由，那么不仅没办法救人，恐怕自己也容易陷进去。

很多时候，去做就可以了，不用想那么多。想多了反而会干扰我们的思维，最终让机会在我们的抉择中悄悄溜走，那时，后悔也来不及了。即使是一次错误的选择，也要强于徘徊在选择之间，而错过了行动的机会。

多看如意处

有一天，佛陀的精舍中来了一位卖伞的老人。他对佛陀说：“我卖了一辈子的伞，十分辛苦，但从来没有过懈怠。可虽然我这么努力，穿的依然是粗糙的麻布衣服，吃的只是清淡的饭菜，我一点儿也不快乐。”

佛陀问老人：“你觉得谁会快乐呢？”

老人说：“肯定是国王了。他有平民供奉，有百官差遣，要什么有什么。”

佛陀笑笑说：“那么我希望你能如愿。你自回家等待吧，一切皆有因缘。”

老者没能体会佛陀的意思，但也只能暂时回家。

第二天早晨，老人醒来以后发现自己竟然身在王宫，身边有百官宫女簇拥着他。老人还没有弄清是怎么回事，便被人催促着临朝处理朝政去了。

老人不懂什么朝政，更不懂得如何讨论国家大事，因此一天下来头昏脑涨、腰酸背痛。就这样，老人自从当上了国王后，每天都被各种政务缠身，一刻也不得安宁，几天下来，老人竟吃不香、睡不好了，人也变得憔悴了许多。于是他便开始怀念自己原来的日子了，那时虽然辛苦一些，却也不至于如此劳累；那时虽然没有锦衣玉食，但做的却是自己喜欢的事情，日子简简单单也还算逍遥。也许是因为太累了，老者想着想着便坐在王位上睡着了。

老者一觉醒来发现自己仍在佛陀的精舍。佛陀面目慈悲，正看着他。老者看看自己身上，仍是粗布衣服，再想想自己梦中的经历，恍然大悟。

从那以后，他再也没有抱怨过。

人生在世，都是平等的，各人有各人的好，各人也有各人的烦恼。我们觉得自己不如意，而别人更快活，不是他们真正比我们强很多，而是我们不由自主地将自己的烦恼与别人的快乐比。这样比对，必然觉得自己不如人。

看事要看全面，不要片面，生活中更是如此。面对自己的生活，眼光放在哪里，心情便放在了哪里。如果看到的都是自己的不如意，而将那些如意处忘掉了，自然整天烦恼缠身，心情也不得快乐。

如果换一个思路，看到的都是生活中的如意处，那么自然喜笑颜开，每天都有个好心情了。心情好了，生活自然更上一个台阶。

很多时候，不是生活给我们烦恼，而是我们将自身的烦恼推给了生活。

真才是好

如本法师是一位得道高僧，他面容慈祥，常常带着微笑。每次对信徒们开释时，他总是会说："人生中有那么多的快乐，因此，要乐观地生活。"

如本法师对待生活的积极态度感染着身边的每一个人，在众人眼中，如本法师就是快乐的象征。可是有一次如本法师生病了，卧病在床期间，他不住地呻吟道："痛苦啊，好痛苦呀！"

这件事很快便传遍了寺院，大家都很吃惊，甚至连住持听了，都觉得奇怪。他忍不住前来，责备如本法师："生老病死本是不可避免的事情，一个出家人总是喊'痛苦'，是不是不太合适呢？"

如本法师回答："既然这是人生必不可少的经历，痛苦时为何不能如实地喊出来呢？"

住持说："曾经有一次，你不慎落水，差点丧命，那时你在死亡面前依然面不改色，而且平时你也一直教导信徒们要快乐地生活，不要说苦，为什么自己生了一点病，就一味地叫苦呢？"

如本法师微笑着，轻轻地问道："住持，你刚才提到我以前一直在讲快乐，现在反而一直说痛苦，那么，请你告诉我，究竟是说快乐对呢，还是说痛苦对呢？"

住持一时语塞，继而大悟。

痛就说痛，快乐就说快乐，这才是禅者应有的态度。如果为了表现自己的洒脱或者为了怕人嘲笑，而强忍着痛，依然用一副微笑的面目示人，反而显得渺小了，也是犯了诳戒。

只有真实的，才是最可爱的，也是最可贵的。装出来的虚假或许看上去美好，却经不住时间的考验。想要什么，就大声说出来，然后努力去争取，那样不但不会有人笑话你，反而会佩服你的真诚。如果明明想要这样东西，却不直说，而是扯东扯西、词不达意，让别人去猜，反而给人一种虚伪的印象。这种人，看似会做人，但时间久了，却必然成为做人方面的失败者，会弄得朋友离去，再也不想回来。

人与人相交，贵在一个“真”字。付出一颗真心，以真面目示人，自然能够赢得诸多的真心，得到诸多的真面目。

孝与天齐

释迦牟尼佛在舍卫国时，曾给比丘们讲述过这样一个故事：

很久以前，在印度波罗奈国有一个陋习：当一个人年老时，子嗣便会将他活埋，以节省食粮来养活后代子孙。时间久了，这一陋习竟被写进了这个国家的法律条文当中。

波罗奈国中有一位长者，他的儿子十分孝顺，因此，对国内有这样一条法律实在不能认同，总希望有一天能够删除它。

岁月不饶人，长者逐渐老了，他的儿子为了孝顺父亲，便偷偷在地下建了一座密室，将父亲藏在里面，每天以上好的饮食供养父亲。他的这份孝心感动了天神，天神便决定帮助他。

这天，天神手中拿了一卷纸，来到波罗奈国王的面前，对国王说：“这张纸上有四个问题，如果你七日内能够解答出来，我就拥护你和你的国家，如果答不出来，我就把你的头劈成七块！”说完，就消失了。

国王紧急召集群臣商议对策，然而，却没有人能回答那几个问题，期限一天天逼近，国王如热锅上的蚂蚁，焦急不堪。于是，他将问题昭告天下，说解答出问题的人，将得到奖赏：“不论提什么要求，国王都答应他。”

天神给国王出的难题是：什么是最大的财富？什么是最大的快乐？什么是第一美味？什么最长寿？

长者之子见到这四个问题，立即跑回家询问密室中的父亲，长者一一给出了圆满的答案。

长者之子向国王禀告了这些解答，于是国王顺利通过了天神的考验，国王高兴极了，便问长者之子："这些答案是你自己想的，还是别人教你的？"

长者之子回答："是我父亲告诉我的。"

国王非常诧异："你父亲？他不是已经很老了吗？他现在在哪儿？"

"请大王恕罪，我的父亲确实已经老了，我没有遵从国法将他掩埋，而是藏在了家中的密室里。"长者之子接着说，"大王，父母对我们的深恩，如天地一般，养我们长大，教我们做人。即使付出自己的所有也无法报答这份恩情啊！大王，我别无所求，只希望大王能废除'活埋年老父母'这条法律。"

波罗奈王遵守了诺言，答应了长者之子的要求。事实上，国王也深受感动，在废除那条法律的同时，还增加了另一条法律："凡是不孝顺父母的人，将治以重罪。"

佛陀讲完故事后，对比丘们说："能够孝养、恭敬父母，即是孝养、恭敬一切佛及贤圣，这是殊胜可贵的。"

佛陀又接着说："当时的长者之子就是我，当时去除不孝的陋习，成就孝顺的法律，便是我的功德福报，也是我今日成佛的根源！"

比丘们听了都赞叹不已，纷纷发心效仿。

自古忠为立国之本，孝为立家之本，臣民不忠则国危难，儿孙不孝则家凌乱。危难之国，凌乱之家，自然无法育出快乐、幸福之人。

对于父母，儿女是有亏欠的。母亲怀胎十月，孕育生命，父母共同抚养成人，这中间付出的辛苦，是不可言语的。因此，孝敬父母，怎么做都不为过。

而且，一个孝顺的人，也必然是一个可信的人。如果一个人连对自己有莫大恩情的父母都不在乎，岂会在乎其他人！与孝顺的人共事，可以让人放心。

找到自己的“菩提树”

有一位拜佛的老人，一向虔诚。在二十多年前，她从花木市场买了一棵菩提树，栽植在自家的院落里。如今，小树苗已经长成遮天蔽日的大树了。老人把这棵亲手栽植的菩提树看作自己生命的一部分，她经常既骄傲又虔诚地坐在大树下诵经念佛。

可是，有一天，老人的家里来了一位客人，老人带他看自己种植的菩提树。那人经过仔细的观察后说这棵大树不是菩提树，而是一棵与菩提树长得很相似的椴树。老人听后很吃惊，也很意外，甚至有些伤心和绝望，这件事严重影响了她的情绪和心绪，让她从此一蹶不振，以后的日子里，她吃不下也睡不好。

为了辨明真伪，解开心结，老人托人捎信给丛林寺院的天明法师，请他来看看这棵大树究竟是不是菩提树。天明法师很快就带着一个弟子来到老太婆的家，法师见到那棵大树后，马上顶礼膜拜，亲近无比，连声说：“菩提树啊，真正的菩提树！我佛荫庇，我佛慈悲！”

老太婆一听连大法师都说这棵树是真正的菩提树，那自然就是菩提树了，因此不再怀疑。可是，天明法师刚走出老太婆的家门，他的弟子就悄声问：“师父，您不会是看走眼了吧？那的确不是一棵菩提树，而是一棵椴树啊。”

天明法师连念阿弥陀佛，之后悄声对弟子说：“那棵椴树对老太婆来说就是菩提树，且是真真正正的菩提树！菩提本无树，我们所认定的菩提树原本也不叫菩提树，还不是因为释迦牟尼佛坐化其下幡然成佛的原因吗？那棵树可以给老人带来佛的荫庇和心的安定，它便是老人的菩提树啊！”

弟子终于明白了法师的一片佛心，喃喃地自语道：人人若菩萨，树树皆菩提。

“菩提本无树，明镜亦非台。”人们眼中的菩提树，是佛陀的菩提树，并不是其他人的菩提树。佛陀在那棵树下悟道，因此那棵树被命名为菩提树，不是那树有神通，而是为了纪念佛陀的修为和境界。

如果有佛陀那般的修为和境界，在其他树下一样可以悟道。如果没有佛陀那般的神通，即使天天坐在佛陀悟道的那棵树下，一样是个普通的凡人。其根源不在于树，而在于人。

有人通过读书而成就自我，并不是书赋予他的成就，而是他个人努力的结果。如果看人读书而成就自我，便找那人的书来看，必然是不能成的。因为我们不是他，没有他的经历，也没有他的角度。因此虽然是同一本书，在他的眼里是一个样子，在我们的眼里可能是另一个样子。

想要成就自我，找到自己的“菩提树”就好了。这“树”是适合我们的，而不一定非要是别人用过、帮别人取得过成就的。要知道，我之所以为我，在于异人处。走别人的老路，是鲜能得到成就的。

找到自己的“菩提树”，之后善待它，它自然会为你带来幸福。

心静处处静

印度的阿育王，是一位护持佛法的大功德主。他有一个弟弟修行得道，这让阿育王十分欢喜。阿育王的弟弟常年居住在林野中，穿简单的布衣，食粗茶淡饭，过着清贫而快乐的日子。阿育王认为弟弟的日子太“贫寒”、太“苦”了，所以希望弟弟能回皇宫，接受自己的供养。

阿育王的弟弟听了哥哥的看法之后，说：“世间的五欲——财、色、名、食、睡，是禅者的障碍，必须弃除，心才能拥有真正的宁静。我喜欢依傍林野，那样可少欲清心，自在如水中鱼、空中鸟，我能做到安贫乐道，你应该为我感到欣慰啊，为什么你要把我再推进世间的泥沼呢？”

但阿育王不听，他坚持让弟弟留在自己的身边，弟弟见此继续说道：“我住在寂静的林野，有十益：一、自在；二、无我；三、随意所住，无有障碍；四、欲望减弱，乐习寂静；五、少欲少事；六、不惜身与命，为具足功德故；七、远离众闹语；八、虽行功德，不求恩报；九、随顺禅定，易得一心；十、于空处住，无障碍想。”

阿育王听了弟弟的话，依然不同意，说道：“其实在哪修行都是一样的，关键是在于心境，你何苦要难为自己去外面的世界吃尽苦头呢？这有何意义？”

弟弟执着地说：“我离开皇宫终日与万籁同呼吸，与山色共眠起，我以禅悦为食，滋养性命，你却要我高卧锦绣珠玉大床，可知我一席蒲团，含纳山河大地，日月星光。常行宴坐，又有十益：一曰不贪身乐；二曰不贪眠睡乐；三曰不贪卧具乐；四曰无卧着席褥苦；五曰不随身欲；六曰易得坐禅；七曰易读诵经；八曰少睡眠；九曰身轻易起；十曰欲望心薄。有此十益，夫复何求。我已经从火汤炉炭的痛苦里脱身而出，怎可再重入火坑，毁灭自己？”

阿育王听了弟弟一番剖白，也就不再坚持己意，心里对安贫乐道的修行人，以无为有的胸怀，生起更深的尊敬。

修心不一定安贫，安贫也未必就能修心。可是，一个真正有修行的人，则必然是喜欢虽然贫苦却简单、快乐的生活的。

佛家人常会面临一个谜题：到底该活在深山，还是活在人间？有的说，该活在深山，因为那里安静，可以静心；人间太过繁华，享乐是成佛的障碍。有的则说，深山的静是环境的静，不是心静的静，只有身处人间闹境而保持心静的才是佛的静，这才是修为的境界。

其实，两者都对，也都不对。若心静，不管深山还是人间，都是一样的静；若心不静，不管深山还是人间，都是一样的不静。随心便好，喜欢深山就是深山，喜欢人间就是人间。不要因为刻意追求环境而选择深山，也无需刻意凸显境界而留在闹市。随自己心，才是最好的。

环境没有高低之分，只有爱好之别。爱简单，就过简单的生活，不要怕别人嘲笑。爱繁华，就过多彩的生活，但切记不要刻意炫耀。选择自己喜欢的，并不被外界所影响，才是真正的心静。

不执迷于答案

有位云水僧在各地参访学禅，经过一位老太太所管理的庵堂时，他进去挂单，好奇地问道："师姑，这一座庵堂，除你之外，还有眷属吗？"

老婆婆说："山河大地，树木花草，飞禽走兽，一切都是我的眷属。"

云水僧再问："无情不是有情。山河大地，树木花草，都是无情。师姑是人，是有情。树木花草，山河大地，何曾是师姑的样子？"

老婆婆反问云水僧："那么，你看我是什么样子？"

云水僧说："俗人！"俗人就是在家人、世俗的人。

老婆婆听了以后，就对云水僧说："你也不是出家人！"

云水僧听说他不是出家人，就辩解说："师姑可不能混淆佛法！"

老婆婆说道："我并没有混淆佛法！"

云水僧又说："你以一个世俗的人来住持庵堂，把树木花草看成道友，这样不是在混淆佛法是什么呢？"

老婆婆说："法师，你不可以这么说。你是男人，我是女人，何曾混淆？"

云水僧无言以对。

禅是不分在家、出家；不分男人、女人。悟道深浅，是很容易看出来的。老婆婆身在家，心在禅；云水僧身在禅，心在家。

宇宙万物，本是一体，信佛众生，也本无差别。可是，人们却硬要做一个分割，将之变成很多非此即彼的门类。遇到一个陌生人，要辨个善恶，遇到同行业者，要分个你我，遇到一个新朋友，要分个是否有情。这些，都是无谓的烦恼。

事可分善恶，行可分善恶，但人是不好分善恶的。一个强盗，抢人钱财，为的是给自己穷苦的老母亲治病。那么他是善还是恶呢？不好分。我们只能说，抢人这事是恶，救母一事，是善。而这个人，实在无法分清他的善恶。

大多人也都是如此，有时会做好事，有时会做坏事，且会做些无心的好事和无心的坏事。只去分辨这些事的好坏就好了，不要据此分辨人的好坏，那样是分不出来的。即使分出来，也多半是错的。

世间很多事原本无解，不求解也无害，对这样的事，一味追求答案，反而会生出害处来。生活是一体的，不要简单去分割，记住无差别的概念就好了。

生活的智慧

峨山禅师在月船禅师那里得到印可，月船就对他说道：“你是一位法器，到今天亦有了初步的成就，从今以后，你应该要发心再去亲近善知识，不要忘记行脚云游，因为行脚云游是禅者的任务，是禅者的修行。”

有一年，峨山听说白隐禅师在江户的地方开讲《碧岩录》，便到江户参访白隐禅师，并呈上自己的见解，谁知白隐禅师看了以后却说：“你从恶知识处得来的见解，许多臭气熏着人。”便把峨山赶出去。

峨山不服，再三请求，都被拒绝。峨山心想，我是被印可的人，难道和白隐禅师没有缘吗？他看不出我已经对禅有心得了吗？或许白隐禅师在考验我吧？他又鼓着勇气去叩见白隐禅师，说道：“前几次都因为弟子的无知触犯了禅师，愿垂慈悲，我一定虚心接受。”白隐禅师说道：“你虽担了一肚皮的禅，到生死岸头，总无着力；如果你要痛快平生，须听我‘只手之声’。所谓‘只手之声’，就是你去参一只手所发出来的声音。”

峨山禅师便在白隐禅师座下随侍四年，在三十岁时终于开悟。

峨山是白隐禅师晚年的高足，后来大振白隐禅师的门风。峨山年老时，在庭院里整理自己的被单，信徒看到，觉得可怜，便道：“禅师，您已经这么老了，门下有那么多的弟子，为什么您还要亲自辛苦做这许多杂务？”峨山禅师道：“年老的人不做，那要什么人来做呢？”信徒说道：“年老的人去修行就好了。”峨山禅师非常不满意，反问道：“你以为处理杂务就不是修行吗？那佛陀为弟子穿针、为弟子煎药，又算什么呢？”信徒终于了解到生活中的禅。

一般人最大的错误就是把做事与修行分开；其实如黄檗禅师的开田耕种、沩山禅师的合酱采茶、石霜禅师的推磨筛米、临济禅师的栽松锄地、雪峰禅师的砍柴担水、仰山的牧牛、洞山的果园、云门的担米、玄沙的植林，等等，这都在说明禅即是生活。

生活中有平淡、有麻烦、有忧愁，但也有智慧，有了那份智慧，便可以适应平淡，排除麻烦，散解忧愁。很多人都在寻找这份智慧，他们或跳出生活、或冥思苦想、或远走他乡，总之，为了能让那平淡、麻烦、忧愁远离自己想尽了办法。却不知，那智慧不在生活外，也不在我们的脑海中，而是隐藏在生活里面。

凡事用心做，自然不会感觉平淡，同样繁复的工作，有人觉得枯燥乏味，但有人却能依靠它实现自己的梦想，从中体验到人生的价值。不是生活青睐后者，而是后者足够用心，将每一次劳作都当作是第一次，自然有不同的体验。有了这份心，平淡自然远离我们，哪怕重复的工作也能用心看到不同。

尽力去做，自然没有麻烦。所谓麻烦不是世界对我们的考验，而是对我们的回报。认真做了，做到位了，麻烦自然没了。凡事都不认真，麻烦不来才怪。那些麻烦不是凭空出现的，而是我们的粗心和不在意产生的。如果不管做什么事情，都做到细致入微，必然不会有麻烦。

安心去做，自然不会有忧愁。忧愁从来都是由不满引起的，担心自己付出多而得到少会忧愁，担心事情完不成会忧愁。将这些抛弃掉，自然就没有那么多的担忧了。

这就是生活的智慧，只有在生活中去体会和运用，才能发现。

莫着急

杨歧方会禅师是江西袁州人，俗姓冷，少年时就很机警聪明，在湖南潭州道吾山出家，阅读经典有过目不忘之誉。他追随慈明禅师有很长一段时期，自愿负责监院的工作，虽然过了十年，但未能有所省悟，每次请求参问，慈明禅师总是回答道："你的工作繁重，以后再说吧！"

后来有一天他又去参问，慈明禅师说道："监院以后的儿孙满布天下，你急于悟道，忙什么呢？"

有一天，慈明禅师外出，忽然下雨，杨歧在小路上遇到他，就拉住慈明禅师说道："老师，您今天必须说给我听，不说我就不让您回去。"

慈明禅师说道："监院，你如果要知道这个事，一切便休。"话刚说完，杨歧忽然耳中轰然一声，心中忽觉阳光一闪，即刻大彻大悟，跪拜在雨地上，汗水、泪水与雨水一齐流下，说道："至今一切便休，至今一切便休！"

有一天，慈明禅师上堂说法，杨歧禅师出众问道：“幽鸟语喃喃，辞云入乱峰时如何？”慈明禅师说道：“我行荒草里，汝又入深村！”杨歧禅师又道：“万事虽休，更借一问。”慈明禅师便大喝一声。杨歧禅师反而称赞道：“好喝。”慈明禅师又喝，杨歧禅师也跟着喝。慈明禅师连续喝了三喝，杨歧便顶礼三拜。杨歧禅师礼拜后，恭敬诚恳地说道：“报告老师，这个事必须是个人才能承担！”慈明禅师听后拂袖便行。

慈明尊者不肯急着为他说破，是希望杨歧禅师养深积厚，再待机缘。但杨歧禅师悟道心切，只求说出，希望能早一点觉悟，所以真是好一个杨歧禅师，先说至今一切便休，再说一切必须自己承担；慈明禅师拂袖，意即让你自己承担。杨歧禅师后来有一首偈语便说：“心随万境转，转处实能幽，随处认得性，无喜亦无忧。”他是真正地进入到禅的世界！

凡事都要讲个时机，时机选对了，事情便可轻松办成；时机选择不对，付出再多努力也是难有成就的。然而时机并不好把握。

最需要掌握时机的，是那些正在办事、身处事中的人。而最难看透时机、最无法把握时机的，也正是他们。无他，急于求成而已。因为急于求成，因此蒙蔽了眼睛。在他们心中，只有成了事的快意和赶快成事的急迫，而没有一刻冷静的头脑。这样的人，满世界去寻找时机，结果却往往因为急于求成而无法发现真正的时机。

这是轮回给我们开的玩笑，想要避免它，就要让自己沉下心来，不急躁，不求快速成功。

本性不漏

云岩昙晟禅师与长沙的道吾圆智禅师同是药山惟俨禅师的弟子，两人非常要好。道吾禅师四十六岁才出家，比云岩大了十一岁。

有一天，云岩禅师生病，道吾禅师去探望时问他："离却这个壳漏子，向什么处再得相见？"意思是：死之后，我们在哪里相见？

云岩禅师毫不迟疑地回答："不生不灭处相见。"

道吾禅师不以为然："何不道非不生，非不灭处，才能相见？"说完也不等云岩的回答，提起斗笠便往外走去。云岩禅师叫道："请停一步，我还有话请教。你拿斗笠做什么？"

"有用处！"

云岩禅师追问："风雨来时，做什么用？大风大雨时，一顶斗笠有什么用？"

道吾禅师答："覆盖着。"

云岩禅师："他还受覆盖也无？"

道吾说："虽然如此，要且无漏。"

云岩禅师病愈后，因渴煎茶。道吾禅师问："煎茶给谁吃？"

云岩答："有一个人要吃！"

"为什么他自己不煎？"

云岩回答："还好有我在！"

云岩和道吾是同门兄弟，道风却不同。道吾活泼热情，云岩古板冷清。但两人在修道上互勉互励，彼此心中从无芥蒂。

道吾拿一斗笠，是让本性无漏也。在佛法里，漏就是烦恼的意思。能无漏，就是远离烦恼，即为完人。病中的云岩论生死，非常淡然。煎茶时道"还好有我在"，如此肯定自我，不惰生死，不计有无，又是另一番洒脱。这就是禅者的境界，不在佛语高深，而在处世泰然，不被内心魔障所扰，不被外界环境所困。

有人平日里也是一副洒脱模样，谈生论死，好不坦然。可是一旦遭遇病痛，便心生畏惧，惶惶不可终日，这就是境界没到。他们不知，越是身处困境，越需要冷静；越是有病痛，越是要坦然。这不是在向别人展现大无畏精神，而是获得新生的最好方式。困境中头脑清醒，有助于思考，能够更好地寻找解脱之道，帮助我们尽早走出困境。病痛中保持坦然，可以有一个好的心情，有利于战胜病魔，尽早获得健康。要明白，在病床上患得患失，惶惶无日，本身就是病的一种。

烦恼，是我们所讨厌的，但往往又是我们自动招来的。有一颗不动的心，去做不漏的事，自然能让烦恼远离我们。

第七章 困难是阻碍，也是人生的考验

困难是折阻，也是考验，从中能体验到痛苦，也能获得成长。不要惧怕困难，困难不是人生的毒瘤，而是人生的调剂。怎样面对这调剂，便有怎样的人生。乐观面对它，它就是一个插曲；悲观面对它，它便成了人生的障碍。

用心才能成就自我

日本江户时期，社会极不稳定，浪人、武士依仗强力横行无忌。

有一个著名的茶师跟随着一个显赫的主人。

一次，主人要去京城办事，但舍不得离开茶师，就说：“你跟我一起去吧，好每天给我泡茶。”茶师有些不愿意，对主人说：“您看我没有武艺，万一路上遇到恶人可怎么办？”主人说：“那你就挎上一把剑，装成武士的样子吧。”茶师无奈，只好跟主人一同进京。

这天，主人去办事，茶师无聊，独自上街，路上碰见一个浪人，向茶师挑衅说：“你也是武士，咱们比比剑吧。”茶师说：“我不会武功，只是个茶师。”浪人说：“你不是武士却穿着武士的衣服，是在侮辱武士，你就更应该死在我的剑下了！”茶师见躲不过去，就说：“你给我一点时间，等我把主人托付的事办完再来找你，我们下午的时候就在那边的池塘边见吧！”

茶师直奔京城里最著名的武馆，分开那些前来拜师的人群，直接来到大武师的面前，说：“求您教给我一种作为武士最体面的死法吧！”大武师非常吃惊，问：“来我这儿的人都是为了求生，而你却求死。这是为什么呢？”

茶师便把与浪人相遇的情形复述了一遍，然后说：“我只会泡茶，不懂武功，可今天决斗不可避免了，我只是想死得有尊严一点。”大武师说：“那好吧，你为我泡一次茶，然后我教你。”

茶师很是伤感，觉得这肯定是自己泡的最后一次茶了，因此很用心。他从容地看着山泉水在小炉上烧开，然后把茶叶放进去，洗茶，滤茶，再一点一点地把茶倒出来，捧给大武师。

大武师看了茶师泡茶的整个过程。他品了一口茶，说："这是我喝过的最好的茶。现在我可以告诉你，你已经不必死了。"茶师说："您要教给我什么吗？"大武师说："我不用教你，你只要记住用泡茶的心去面对那个浪人就行了。"

茶师听后就去赴约了。浪人已经在那儿等他，见到茶师，立刻拔出剑来，说："你既然来了，那我们开始比武吧！"

茶师记着大武师的话，就以泡茶的心面对这个浪人。

只见他笑着看着对方，然后从容地把帽子取下来，端端正正地放在路边；再解开宽松的外衣，一点一点叠好，压在帽子下面；又拿出绑带，把里面的衣服袖口扎紧；然后把裤腿扎紧……他从头到脚不慌不忙地装束自己，一直气定神闲。

对面的浪人越看越紧张，因为他猜不出对手的武功究竟如何，而对方那镇定的眼神和从容的态度让他突然感觉到了恐惧。

茶师全都装束停当，最后一个动作就是拔出剑来，他把剑挥向半空，然后停在那里，因为他不知道往下该怎样做。

此时浪人"扑通"一声跪倒在地，哀求道："求您饶命，您是我这辈子见过的最有武功的人。"

有人做事靠技艺，有人做事靠时间的积累，而有人做事则靠用心。第一种人手艺娴熟，可以做出合格的产品，却做不出艺术品；第二种人甘于付出，也愿意努力，但往往是时间花了许多，效果并不明显；只有第三种人才能成为真正的大师。这便是付出不同，收获不同了。

不管做什么，不要急躁、不要冒进，用一颗从容淡定的心，用一种端正的态度，再加上一份敬畏，自然能够获得更多的收获。不用心去做事，付出再多的时间和精力，一样是一无所成的。

努力就是缘

弟子们问禅师："如何才能悟道呢？"

禅师说："今天起，咱们只学一件最简单也是最容易的事。每人在睡觉前说一百遍'我行'。"

弟子们疑惑地问："为什么要做这样的事？"

禅师说："连续做一年之后你们就知道如何能悟道了！"

弟子们想："这么简单的事，有什么做不到的？"

一个月之后，禅师问弟子们："我交代你们的事，有谁还在坚持做？"大部分的人都骄傲地回答："我！我！"禅师满意地点点头："很好！"

又过了一个月，禅师又问："现在还有多少人在坚持？"结果只有一半的人说："我！"

一年过后，禅师再次问大家："请告诉我，之前我交代你们的事，还有几个人在坚持？"这时，只有一人说："老师，我还在做！"

禅师把弟子们都叫到跟前，说："我曾经说过，将这件事坚持一年，你们就知道如何能悟道了。现在我要告诉你们，世间最容易的事常常也是最难做的事，最难的事也是最容易的事。说它容易，是因为只要愿意做，人人都能做到；说它难，是因为真正能做到并持之以恒的，终究只是极少数人。而这少数人，便是悟道者。"

后来一直坚持做的那个弟子成为禅师的衣钵传人，在所有的弟子中只有他悟道了！

能否悟道不在于有多聪慧，而在于是否有佛缘。所谓佛缘，不是一种特定的缘分，而是坚持和努力。以一颗礼佛的心，坚持做礼佛的事，便是与佛有缘。

很多人都将自己的失败归咎于缘分之上，却不知那缘分从来都不是天注定的，而是靠自己努力得来的。人与人之间的缘分如此，人与事之间的缘分亦是如此。

并不是两人相见后，彼此各自赏识，之后结为至交的才叫缘分。欣赏一个人，可对方不在意我们，但通过努力跟他成为好友，一样是缘分。也并不是刚进入一个行业就展现出杰出的才华才叫与此行业有缘。通过努力成为业内的顶尖高手，一样是跟这行业有缘。

什么事都不是天注定的，而是掌握在我们自己手中的。去努力、去坚持，不要因为一些事是平凡的小事就不在意，那么必然能够得到自己想要的。

聪敏不如认真

有一个比丘想脱离尘世之苦，便一个人来到临近河边的僻静森林，静坐修行，希望能够早日得道。可是，这位比丘于僻静的林中过着安静的生活，但他的内心却不像外面看上去那样无欲无求。欲望会不时在他的心中蠢动着。比如他会经常幻想自己吃到好素食，喝到甘美的泉水，或身处于宜人景色中；也会因天气不好、饮食不佳而忧愁烦闷，从而怨天尤人。就这样，十二年过去了，这位心随境动的比丘依然没有在修为上有所精进。他自己心中也充满了疑惑。

一天，一位沙门来到了比丘所在的森林，与比丘一同修法。当晚，天空圆月高悬，一起修行的两人看见一只乌龟从河中爬到岸上来。而此时，一只狐狸从远处跑来，看见乌龟张口便要咬。这乌龟感觉到了危险，急急将四肢头尾缩进壳内。这下，无论狐狸用什么办法都无法吃到乌龟了，最终只能离去。狐狸走远后，乌龟悠悠然将头尾四肢伸出壳外，慢慢爬回洞中。

那后来的沙门说：“世间人还不如这乌龟。它知道危险来了便把头尾和四肢藏起来，可世人却恣情放纵眼、耳、鼻、舌、身、意六根，追逐外在的色、声、香、味、触、法六尘。这一切都是由于人的心念无主，因此人才会被业力牵引，做这种种恶业，使得烦恼魔、死魔、病魔有机可乘，就这样随着业力的牵引，在六道的轮转中，无有止境，受百千万种的苦难。真是可叹！”

随后，沙门又说了一首偈语：“藏六如龟，守意如城，慧与魔战，胜则无患。”比丘听了偈语后，心有所悟，从此后断除了对世间色、声、香、味、触的种种贪求，专注修行，不久便证得阿罗汉果。

原来，这位沙门其实是佛陀。他知道这位比丘得度的因缘即将到来，因而化作沙门，前来开释他。

所谓禅定即心定，心定便是将精力用在了一处。打坐时只想禅便可以了，如果心里还盘算着其他，那便离禅远了。凝神于一处，从来都不是什么简单的事情。

不过正因为这点不简单，才能给人带来更大的益处，能让人通过它实现自我。

那些成绩好的小孩，未必就是班上的最聪明者，但他一定是班上最认真听讲的人。不管干什么，既然做了，就要有个做的样子，要有一种认真的态度在。如果手里干着这般，脑子里想的却是那般，那是永远也没办法做成的。

不怕苦，只怕不能吃苦

《六度集经》卷三《理家本生》中载：从前有个年轻人继承了父亲留下来的大笔遗产，却不知如何管理。同时，生性好吃懒做的他又交了一帮坏朋友，因此，没多久便将家财挥霍得一干二净。

那年轻人的父亲生前有位好友，是当地有名望的富翁，也是人人敬仰的善人。他听说这个年轻人的困难后便主动教他如何管理财务，劝导他辛勤劳动积攒财富，还送给他一些金子作为创业的资本。

那年轻人表面上虽然答应着，却一点也没有入心。他虽然照富人教的办法在做买卖，却改不了吃喝嫖赌的恶习。结果，没多久，富人给他的钱又挥霍没了。

富人前前后后向年轻人提供了五次资助，可每次都被年轻人挥霍了。但富人仍然没有死心，一直在想办法开导、劝诫他。

有一天，富人看见一只刚死的老鼠横躺在粪堆上，便借机开导年轻人说："哪怕这是一只死老鼠，你要是肯动脑筋也可以用它来立业。我再给你一千两金子，你这次一定要努力。"

当时，一个要饭的孩子在墙角处听到了富人的话受到了启发。于是便将那只死老鼠捡来，按照自己所知的各种方法，加上讨来的各种作料，做成了一道美味可口的菜，将之卖掉了。他用赚来的那一点钱，做起了卖菜的生意，开始本钱小，每次只进一点点，卖光了马上再去进货。就这样，一点点很快就赚到了一百多个钱。之后，在他的努力下，财富越积越多，昔日的小乞丐终于成了有钱人。

后来，乞丐感恩于富人的开导，便用金银为原料，制作了一份贵重的礼物送给富人，并向他讲述了前后经过。富人见他聪明勤劳，便将自己的女儿嫁给了他。富翁死后，这位乞丐出身的年轻人继承了富人的所有财产。而不断接受富人馈赠的年轻人，依然留恋于吃喝、挥霍，最终沦为了乞丐。

真正决定一个人成就的，不完全是平台和起点，而是个人的努力奋斗。那继承财产的年轻人，起点不可说不高，但最终只能做个沿街乞讨的乞丐。那乞丐出身极低，却凭借着努力成了富翁。老天给了他们不同的境遇，他们却靠自己的行为将之改变了。这不是讽刺，这是个体行为差异所产生的必然结果。

人不怕苦，只怕不能吃苦。能吃苦的人，即使处境再过悲惨，一样有翻身的一天。那不能吃苦的，就算腰缠万贯，一样有挥霍殆尽的时候。

信心在，未来就在

一个比丘碰到了一个乞丐。乞丐说："大师慈悲，布施些钱财给我吧。"

比丘看了看乞丐，发现那人竟是本地一位颇有名望的财主，于是便问："你怎会落得如此田地？"

乞丐回答："唉！去年一场大火将我的全部财产都夺去了。"

比丘又问："你为什么要当乞丐？"

乞丐回答："为了要些钱花啊！"

比丘又问："你要钱来干什么？"

乞丐说："为了买酒呀！"

比丘又问："那你为什么要喝酒？"

乞丐回答："喝了酒，才有勇气乞讨呀！"

比丘似乎看见了愚痴人间的愚痴众生，于是感叹道："世人谁不是这样愚痴一生呢？为了酒、色、财、气耗尽了一生，最终还是尘归尘，土归土，这又何必？"

一位路过的富人听了比丘的话后问比丘："我的未来会怎样呢？"

比丘笑着说："太阳从西边升起，照在树上没有一点儿影子！"

"太阳照在树上怎么会没有影子呢？西边，你确定是西边吗？太阳怎么会在西边升起？"富人不解。他回头再去看比丘的时候，比丘已经走出很远了。

乞讨为了买酒喝，喝酒为了有勇气乞讨，乃是自己给自己画了一个牢笼，然后吓唬自己不能出去，否则就会受到惩罚。问别人自己的未来如何又何尝不是如此呢？命在自己手中，运由自己掌握，何必去苦苦求人！

有智者说："我们想象自己是什么样子，我们将来就会变成什么样子。"如果想都不敢想，那么也就注定要奔波一生了。

财富散去，大不了重新来过，何必去做那乞丐？这是丢失了财富，又丢失了希望。想要什么，便去努力得到，何必去问那比丘？这是不相信自己的表现。

不管到什么时候，都不要失去信心，只要信心在，未来就在。

头脑有，才能得到

佛陀入涅槃五百余年之后，古印度地区出了一位佛法精进的国王。他总是以最好的饮食供养出家人。在他所供养的出家人当中，就有一位已经不受生死轮回、解脱自在、得知宿命的阿罗汉圣者。

距离这个国家不远的地方是另一个国家，这里的国王也供养当时印度的婆罗门修行人。一次，这位国王制作了五百个华丽而精致的宝幢，但是却没有人会舞弄。于是，国王向外宣布，若有人能耍舞大宝幢，就将珍贵无比的宝幢送给他。

远方国家中许多人听到了这个消息都很感兴趣，于是奔走相告。其中有五百位穷人听到了这消息，便会集至一处开始研究舞弄宝幢的技巧。之后，一起出发去献艺，希望能得到宝幢，从此摆脱贫苦。不料，他们走到半途时却用尽了盘缠，于是其中一位穷人建议说："听说这附近有一个国王专爱供养出家人。我们可以假扮僧人到那里去受些供养，先解决了吃住问题，再想办法去赚取宝幢。”大家都觉得这主意可行，于是便前往那位已证阿罗汉的比丘处，要求出家。

这位证果的阿罗汉一见到他们，便看清了他们的宿世因果，也看清了他们出家的目的，但鉴于他们得度的因缘已经成熟，阿罗汉便没有点破，而是为他们剃度，并传授戒法。

受完戒法后，阿罗汉便带这五百位刚出家的法师到皇宫接受国王的供养。最后，阿罗汉告诫五百位法师说：“施主一粒米，大如须弥山，今生不了道，披毛带角还。所以，你们应该有精进修行的决心，将来好报偿国王的供养，否则就只能生生世世当牛马、奴婢来偿还了。”

那五百位法师听了都非常害怕，于是日夜精进修行，一点都不敢放逸懈怠。经过了九十天之后，全都证到了阿罗汉。

五百位穷人为宝幢远行，代表了芸芸众生对财富的追求。阿罗汉为他们点证，旨在说人生一世，精神追求比可见的财富更为重要。确实，即使得到那五百宝幢，也不过是一个不愁吃穿的富人。

所谓真正的宝藏，就是只属于我们一个人，别人无法拿走的。这样的东西，必然是精神上的，而不是具体的某种物质。

真正的富人是头脑充实者，那些追求金钱的，即使得到也不是富人，不过是一个财富守护人罢了。当有一天驾鹤西去，一样一无所有。

牢记目的

一日，慧能禅师见弟子整日打坐，便问：“你为什么终日打坐呢？”

“我参禅啊！”

“参禅与打坐完全不是一回事。”

“可是您不是常教导我们说要按住容易迷失的心，清静地观察一切，终日坐禅不可躺卧吗？”

慧能禅师说：“终日打坐并不是禅，而是在折磨自己的身体。”

弟子茫然，不知如何作答。

慧能禅师接着说道：“禅定，是心定，而不是人定。离开外界一切物相，是禅；内心安宁不散乱，是定。如果只是身体不动，而内心执着人间的物相，内心是散乱的，便与禅无关；如果离开一切物相的诱惑及困扰，心灵就不会散乱了，这才是与禅相关的。”

弟子躬身问：“那么，怎样去除妄念，不被世间物相所迷惑呢？”

慧能禅师说道：“思量人间的善事，心就是天堂；思量人间的邪恶，心就化为地狱。心生毒害，人就沦为畜生；心生慈悲，处处都是菩萨；心生智慧，无处不是乐土；心里愚痴，天下便都是苦海了。心乱是因为身在尘世，心静是因为身在禅中，没有中断就没有连续，没有来也就没有去。”

弟子终于醒悟。

打坐，坐的是身；修行，修的是心。坐下身是手段，让心安宁才是目的。如果执着于手段本身，而忘记了目的，那么即使坐上它几百年的禅，一样是禅的门外汉。只有窥透门径，找到真谛，才能有助于修行。

其他事物也有内外之分。事业是为了实现自我的价值，如果忘记了这自我价值，只是无目的、机械地工作，那么这工作便不再有意义，而只是折腾自己的身体了。

生活中的忙碌是为了获得闲暇与快乐，如果忘记了这份闲暇与快乐，而只想着不能停下来，那么生活也便失去了原本的形状，成了我们的负担了。

不管做什么，都要知道自己为什么要这样做。不要执着于做本身，那样不仅毫无意义，反而会离我们的目的越来越远。

想是什么，便是什么

有个僧人辛辛苦苦参禅二十余年，慧忠禅师看他一直任劳任怨、忠心耿耿，所以想要点化一下他，帮助他早日开悟。

有一天，慧忠禅师像往常一样喊道："僧人！"

僧人以为慧忠禅师有什么事要他帮忙，于是立刻回答道："禅师！要我做什么事吗？"

禅师听到他这样的回答感到无可奈何，说道："没什么要你做的！"

过了一会儿，禅师又喊道："僧人！"那僧人又是和第一次一样的回答。

慧忠禅师也同上次一样，跟他说："没什么事要你做！"这样反复了几次以后，禅师喊道，"佛祖！佛祖！"

僧人听到慧忠禅师这样喊，感到非常不解，于是问："禅师！您这是在叫谁呀？"

禅师看他愚笨，万般无奈地启示他道："我叫的就是你呀！"

僧人仍然没懂禅师的真义，以为禅师是说错话了，便说："禅师，我不是佛祖，而是参禅的僧人呀！您糊涂了吗？"

慧忠禅师看他如此不可教化，便说道："不是我不想提拔你，而是你实在不开化啊！"

僧人回答道："禅师啊！我只是一个参禅的僧人，您为何这样捉弄我呢？"

慧忠的眼光暗了下去，很无奈地说："还说不辜负我，事实上你已经辜负我了，我的良苦用心你完全不明白。你只承认自己是僧人，而不承认自己是佛祖，佛祖与众生其实并没有区别。众生之所以为众生，就是因为众生不承认自己是佛祖。实在是太遗憾了！”说罢，摇了摇头，无奈地走了。

山有高矮，水有深浅，但人都是一样的，没有高低贵贱之分。但很多人却天生自卑，不敢将自己跟那些大人物比，其实，大家都一样。

众生之所以为众生，就是不敢承认自己是佛。给自己一个目标，自己便能成长为那样的人。如果连想都不敢想，那么改变就无从谈起了。

给自己一个目标，然后去努力，结果自然是实现自我。给自己一个枷锁，牢牢禁锢住自己的思维，必然平平淡淡了此凡生。

人的世界，在手里，也在脑海里。想得到，做得出，才能彰显价值。

不放弃

盘珪禅师德行高远，备受大家尊崇。有一次，他的一个学生因为行窃被人抓住，众人纷纷要求将这个学生逐出师门，但是盘珪禅师并没有那样做，他用自己的宽厚仁慈之心原谅了那个学生。

可是没过多久，那个学生竟然又因为偷窃而被抓住，众人认为他积习难改，要求对他重罚，但盘珪禅师依然没有听从众人的意见，还是没有处罚他。禅师座下的其他学生不服，他们联名上书，表示如果禅师再不处罚这个人，他们就集体离开。

盘珪禅师看了众学生的联名上书，把他们都叫了过来，说：“你们都能够明辨是非，这让我感到欣慰。你们是我的学生，如果你们认为我教得不对，完全可以去别的地方。那偷窃者，也是我的学生，他接连犯错误，说明还不能明辨是非，作为他的老师，我有义务教会他像你们一样，也可以明辨是非。如果我不教他，又有谁来教他呢？难道就让他永远偷窃下去吗？那是我的失职，也是这世间的损失。所以，即使你们都离开我了，我也不能让他离开，因为他需要我的教诲，比你们之中的任何人都需要。”

那位偷窃者听了盘珪禅师的话，感动得热泪盈眶，心灵因此而得到了净化，从此以后再也不偷别人的东西了。

不愿与作恶者为伍，是我们每个人都会有的想法。可是，如果彻底抛弃这作恶者，让他随波逐流、自暴自弃，不也是一种恶吗？盘珪禅师正是明白这个道理，才不去抛弃那犯了错的学生。可见，他是一个好人，同时也是一个好的老师，他不会放弃一个失足者，更不会放弃一个还没教好的学生。这份师德，堪称少见。

很多人都没有盘珪禅师这份德，在事业遇阻的时候，总是觉得是别人负累了自己，因此想要放弃自己本应该有的责任，逃离出去。那样是不合适的，也是不遵守职业道德的。要像盘珪禅师那般，明了学生还不能明辨是非是因为自己还没有教好他，而不是觉得他恶就放弃他。有这份对待职业的心，自然能够将自己的职业做成。

不怕考验

云海禅师是一位得道高僧，带着座下一干弟子在寺中参习佛法。

这一日，一个年轻和尚来到山门，指名要拜云海禅师为师。云海禅师问那和尚为何单单指名自己，那年轻僧人说，自己他日是必定要成佛立祖的，所以自然要找个有道行的高僧为师。

云海禅师很喜欢这个和尚的自信，便想试试他。于是板起脸来，跟那年轻和尚说，自己座下弟子众多，不缺这一个没礼貌的，要他走。

那和尚果然倔强，听了云海禅师的话，不但不走，索性在寺门外跪了下来，这一跪就是三天。云海禅师见他禅心坚定，便收留了他。

那年轻僧人虽然口气甚大，但确实是个有心钻研佛法的，他进寺之后非常用心。每天就是打坐参禅，从不懈怠。

然而，他却并没有得到云海禅师的夸奖，反而受到了很多的刁难。别的学僧去请教问题，云海禅师总是耐心解答，可那学僧去问，则经常被责备。不过那学僧并没有表现出不快，只是默默努力，一味研习。

后来，云海禅师又随便弄了个名义，将那和尚送去了厨房，让他负责一寺众人的饮食。那和尚也没多问，听了云海禅师的话就去了，结果也干得很好。

时间飞速，一晃几年就过去了。这天云海禅师叫人喊来那和尚，跟他说自己并非不喜欢他，而是颇为看好他，之所以如此对他，就是在考验他的耐心，磨练他的心性。云海禅师说，经过这几年的考验，觉得那和尚是个能做些事的人，可是，如果总是待在自己这里，进境定会越来越慢。于是，云海禅师与那和尚做了一个约定，云海禅师给他两封信，分别是写给当世两位得道高僧的。云海禅师说要那和尚到两处云游十年，之后回来继承自己的衣钵、接替自己的位置。

那和尚依然没有言语，而是接了信，离了山门。

十年后，那和尚回来了，果然与之前不同，已经有了大长进。彼时，云海禅师年事已高，见弟子归来，便如前所言，将位置传给了那和尚。那和尚就是后来有名的无界禅师。

禅分很多种，有打坐禅、念经禅、云游禅等。禅师点化弟子的方式也有很多种，有佛法开释、有行为启示等。很多禅师的教化方式都是别具一格的，有的甚至用木棍打。

那打并不是惩罚，而是考验。禅师扔过来的东西，表面看是木棍，实际是他的衣钵。他要看的是弟子能否接住自己的考验，是否能够接承自己的衣钵。

故事中的和尚，面对的就是这样一个老师。禅师骂他是考验他的耐心，派他去厨房做事，是培养他的能力。只有有耐心，能做事的人，才能够成大道、担大任。

凡事都不能看表面，而要看根本。别人要我们做事时，不要看那人吩咐时的态度，而要看这件事是否于我们有益。若是于我们有益者，便可当是考验。

面对别人的呵斥，也不要一味反抗，先要明白对方的意思，然后再想办法应对。如果真是恶意的，反驳回去便好。若是嫌我们还不够好，那便去努力。

做个掌棋人

佛陀时代，有一个年轻人，天资聪颖，只要是他看过的事情就能学会。少年凭借这过人的天赋，发誓要学遍天下所有的技艺，于是他四处寻师访道，学遍了世间种种技艺，且无不精通。

学成之后，少年便萌生了与人比试的念头。他想，自己才艺过人，战胜他人后定能流芳百世。

就这样，年轻人的足迹遍及许多国家，到处展现自己独步天下的技艺，未逢敌手。从此，年轻人傲慢之心炽盛，认为自己天下第一。

这天，一位比丘手持锡杖来到年轻人面前。由于年轻人生长的地方没有佛法，他也从未见过僧人，所以便好奇地询问：“你是什么人？手上拿的是什么，为何装扮与常人不同？”

比丘答：“我乃调御自身之人。”

少年问：“什么是调御自身呢？”

这时比丘说了一首偈子：“弓匠调角水人调船，巧匠调木智者调身。譬如厚石风不能移，智者意重毁誉不倾，譬如深渊澄静清明，慧人闻道心净欢然。”

原来那比丘乃是佛陀化身，之后佛陀展现了三十二相、八十种好。接着，佛陀对少年说：“因为历劫修行，调御自身，我才能有如此神通。”少年对佛陀佩服得五体投地，于是便向佛陀请教调御自身的要领。

少年凝神倾听，豁然领悟，终成一代贤者。

人都想自己有能力，却不知能力也有内外之分。修桥架屋、划船射箭都是外在的能力，统御自我、明了内心则是内在的能力。那些外在的能力会随着年岁的增长而逐渐荒废，且会随着时代的变迁而变得可有可无。但内在的能力不同，它是紧紧跟随人身的，人身不灭，那能力便不会消失。

想要练得内在的能力，就要充实自己的头脑、安静自己的内心，不要被华丽的技艺所迷惑。头脑得到充实了，随时都可以学会那外在的能力。一个拥有无限内在智慧的人，是可以让人为自己所用的，而一个只会外在技能的人，终究不过是别人手下的一颗棋子。要做就做那掌棋人，不做那任人支配的棋子。

不畏愚笨

有一个和尚，从小就出家了，是寺里的僧人们把他抚养长大的。这个和尚很笨但很勤劳。每天天不亮，他就去担水、打扫，做过早课后便去寺后的市镇上购买寺中一日所需的日常用品。回来后，还要干一些杂活，晚上还要读经到深夜。就这样，他过了十年。

有一天，这个小和尚和其他小和尚在一起聊天的时候，发现别的小和尚都过得很清闲，只有他一个人整天都在忙东忙西地不得停歇。其他小和尚偶尔也会被分派下山购物，但他们去的都是山前的市镇，路途平坦而且也比较近，买的东西也都是些轻便好拿的。而十年来方丈一直让他去寺后的市镇，去那里要翻越两座山，道路崎岖难走，回来时更是要命，肩上还要背着重重的米或者油等，一不小心便会摔倒。

知道真相后的小和尚很奇怪，就跑去问方丈："为什么别人都比我自在呢？没有人强迫他们干活读经，而我却要每天忙个不停呢？"方丈没有回答，只是微笑。

第二天中午，小和尚和往常一样扛着一袋小米从后山走回来时，方丈正在等着他。方丈把他带到前门，自己就在那里坐下读经，让小和尚在旁边看着。

太阳快要下山了，前面山路上出现了几个小和尚的身影，看得出，他们走得很散漫。当那几个小和尚看到方丈时，一下便愣住了。这时，方丈问那几个小和尚："我一大早让你们去买盐，路那么近，又那么平坦，怎么回来得这么晚呢？"几个小和尚面面相觑，说："方丈，我们说说笑笑，看看风景，就到了这个时候。十年了，每天都是这样的啊！"

方丈又问站在身旁的小和尚："寺后的市镇那么远，还需要翻山越岭，而且道路崎岖难行，你又扛了那么重的东西，为什么回来得还要早些呢？"

小和尚回答："我每天在路上都想着早去早回，因为肩上的东西重，我才更小心地走，所以反而走得又稳又快。十年了，我已经习惯了，再累也不觉得累了。"

方丈听了他这一番话，就笑了，说："道路平坦了，人反而不会那么专心。只有在坎坷的路上行走，才能磨炼一个人的心志啊！"

几个月后，寺里忽然严格考核所有的和尚，从体力到毅力，从经书到悟性，面面俱到。小和尚一下子脱颖而出，被选拔出来去完成一项特殊的使命。在和尚们羡慕和钦佩的目光中，小和尚坚毅地走出了寺门。

当年的这个小和尚就是后来著名的玄奘法师。

愚笨不可怕，不懂得努力才可怕。愚笨的和尚，通过自己的奋斗可以成为一代高僧，聪明的人整天东看西看不知努力，一样只是普通的僧众。

资质是上天给人的眷顾，而不是上天给人的果报。想要让这份特殊的眷顾对我们产生好处，还需要自己去努力。如果仅仅因为自己比别人更聪明一些，就觉得什么也不用做了，那么，这份聪明一样对我们毫无用处。

不找借口

从前有一位大富翁，住的是高楼大厦，吃的是山珍海味，身边满是香车美女，但他的心却感觉很累。他每日在名利场上摸爬滚打，生活过得极其烦躁不安，每天不是胡思乱想，就是愁容满面。

有一天，富翁发现离他楼下不远的地方，有一间茅屋，里面住了一个穷苦的人。这个人的收入也就仅能糊口，平日里除了干活就是干活，偶尔有些许闲暇便看看书、唱唱歌。可就这样一个什么都没有的人，竟然精神非常愉快，终日面露笑容。富人见了他既妒又疑。

直到一天，富翁碰到一个云游四海的法师，便向法师倾诉自己的烦恼，并向他寻求解决的办法，法师听完后对富翁说：“你过的生活，虽然有名有利，但这只是物质的生活，物质是有限的，而你的欲望是无穷的，有限的物质当然不能满足无尽的欲望，所以你就苦恼了。人的满足来自于人的内心，你不了解人生的真义，好像在迷途彷徨，寻不到归宿，当然就不安了。你说的那个人，虽然贫困，但他看淡了物质束缚，他知道自己的追求，他学识明理，认识了人生的意义，对任何事情都能做到宽心，所以就会感觉自由轻松，也自然会开心起来！”

这位富人听了法师的话后，也连连点头称是。法师说完后，飘然而去。可富翁回家后，账簿子一翻，算盘一打，又忘记了法师所说的话，终日还是恍恍惚惚，愁眉不展，他又变回了那个抑郁的富翁。

于一般人，决心是最不缺少的，行动则是最稀缺的。常常是知道自己的缺陷，也想要拼命改正，可是却少有行动。这样的人，便是那自寻烦恼者。

我们常常是夜半想想千条路，明朝起来走原路。就像那富翁一般，总是摆不脱原来的束缚，一味地纠缠于苦闷的生活，快乐不起来。

想好的事，便去做，不要拖沓，更不要给自己太多借口。

找准时机

有一位仙崖禅师，经常外出行脚弘法。一天，他在路上遇到一对夫妻在吵架。

正吵得激烈时，禅师经过，看了这情形，禅师就在路上大声叫起来："你们各位过路的人快来看唷！这里有不要钱的好戏可看哦！"

这个时候，那对夫妻仍然继续吵架，甚至要打了起来。

仙崖禅师便又叫道："精彩极了！现在要打架啦！大家快来看啊！"

这个时候，终于一位路人忍不住，上前指着禅师说："喂！你这和尚，人家夫妻吵架，关你何事，你在这里幸灾乐祸什么？"

这时，吵架的夫妇听到禅师和路人的争吵，暂停彼此的争执，和其他路人一起好奇地围过来看。

仙崖禅师看了这情况，知道是说法的适当时机了，他说："现在你们不吵架了，我可以说法了。"仙崖禅师就对吵架的夫妇说：

"再厚的寒冰，经过太阳的照射也会融化；再冷的饭菜，经火煮烧，也会煮熟、煮热。夫妻有缘生活在一起，要做太阳温暖对方，要做柴火成熟对方。希望天下夫妻都要相敬如宾。”

仙崖禅师的这一句话，便是活用禅。

禅理虽妙，也要行于可用处方好。对众生说禅，是功果；对禅僧说禅，是开释；对着石头说禅，就是无用罔行了。

夫妻吵架之时，精力都在与对方争论上，此时说禅，无异于对牛弹琴，丝毫不会引起别人的注意。等他们停下后，再说禅，才是将禅用到了正处。

不管做什么事，都要讲究个方法，讲究个时机。方法选对了，事情就成了一半，时机再选对了，那么事情就差不多成了。这是成事的智慧，也是省事的智慧。如果没有选对方法和时机，不仅事情办不成，反而要浪费极多的精力，结果是此事无成，又没有时间去做其他事，实在是划不来。

做事之前，先规划，再抬头看看方向，不要直接低头去干。直接去做，固然能干更多的活，可是方向若错了，付出那些精力也不过是累赘罢了。做事前的思考，不是浪费时间，而是必要的程序，凡事谋定而后动，自然半分功力一分功劳。

最大的成就是坚持

一日，一个禅师碰到一个拿着木棍的小叫花子，便叫住他。之后教他怎样画一个方框，并嘱托其勤加练习，说他日有缘，再相见时就可不必要饭了。禅师走后，小叫花子闲来无事，便用木棍刻画那个方框，一直坚持不懈。

时隔不久，禅师又碰到一个放牛的牧童，也依前样，告诉那牧童用木棍从上到下拉那么一下，嘱托他若能勤加练习，日后有缘，便可以不用放牛了。那之后，牧童山间放牛闲散之余，便用那木棍在地上或宽或窄、或疾或徐地拉那一画。

四十年后，禅师圆寂之前，命弟子把这两个人叫到了自己的面前，让他们一起合写了一个中字。

这个中字一出，众人皆不住赞叹，都觉得这字堪称前无古人、后无来者。而写字那两位，则成了书法史上的两位传奇人物。

一步之距，不过一米，累计而行，可至千里。凡事不怕简单，不怕渺小，就怕坚持。一件小事，坚持久了，一样能有所成就。整天干的都是大事，但今天一个样，明天一个样，一样一事无成。

农民劳动时，常会说一句话："不怕慢，就怕站。"意思是农活虽多，慢慢干总有干完的时候。可是因为活多，从而懈怠，不去做而是休息，那么活永远也干不完。这就是坚持的妙用。

坚持之外，就是专心了。用全部精力专其一点，可得大事业；分散精力，这也想干，那也想干，则必将一事无成。

人们常说，样样通不如一样精，也是类似的道理。将一个领域钻研透，便是这方面的专家，不管走到哪里，都有口饭吃，也都有人尊重。每一样都通那么一点点，却不精熟，必然是做什么都做不好，最终沦为路人。

做事无妙法，坚持、专注则可。做到此两点，终有成就之日。如果三天打鱼两天晒网，今天做一样，明天又做一样，必然导致失望落空。

笨鸟要先飞

注荼半托迦尊者是罗汉中神通最大的，甚至还几次救过佛陀的性命。一次外道要加害佛陀，作法把山压过来，注荼半托迦尊者跟在佛陀后面，见状用手一指，就把山推开了，可见法力之高强。然而，人们却不知道，拥有如此神通的尊者，幼年时却是一个非常愚笨的孩子。

注荼半托迦小时候简直愚笨到了让人无可奈何的程度。老师教他念“悉达摩”，教他“悉达”时忘了“摩”；教他“摩”时，又忘了前边的“悉达”。老师对注荼半托迦的父母说，他宁愿去教很多其他的婆罗门人家的孩子，也不愿把时间花在这一个学生身上，之后便将他赶出了学校。

注荼半托迦的父母只好把他送到一位吠陀教师那里。在那儿，老师又教他念“奥玛普”几个字母，但他也学不会，教师非常恼火，对他的父母说：“你的孩子学什么都学不会，你们还是另请高明吧！”

注荼半托迦有个哥哥半托迦，很聪明并博学有礼。机缘之下，兄弟二人遇到一些佛陀的弟子，不久，哥哥就出家为比丘，而注荼半托迦被认为太笨不适于出家，只好独自住在附近。

一天，哥哥半托迦和其他人结伴到室罗伐悉底城去朝拜释迦牟尼佛，很多人都跟去看热闹。注荼半托迦也混在人群里，恰好被半托迦看见，半托迦问注荼半托迦道：“你现在以什么为生呢？”

注荼半托迦回答：“无以为生，生活异常艰难。”

半托迦又问：“你想出家为僧吗？”

注荼半托迦回答：“像我这样的愚笨之人，如何能渴望加入殊胜的佛陀僧团呢？我甚至连最简单的偈颂也记不住。”。

半托迦对弟弟说：“习学佛法不分高低种姓、贵贱和智力高下，最重要的是遵循佛陀原教义，并付诸实践。如果你真心诚意地想成为僧人，那么你就能做到。”

注荼半托迦很恭敬地来到佛陀及其弟子阿难面前，全知的佛陀洞悉注荼半托迦谦卑和纯净的心，就在只孤独园，要阿难尊者为注荼半托迦剃度出家。

阿难教注荼半托迦一个偈颂：“诸恶莫做，使自己免于邪恶的思想；众善奉行，莫执自我，正念、正知、正命，则能免于伤害、烦恼，这就是诸佛教示。”

三个月后，可怜的注荼半托迦仍然记不住这个简单的偈子，而其他的新出家的人早就把整章经典背熟了。

既然连博学多闻的阿难都无法教会这愚笨的比丘，佛陀就亲自教他。佛陀要他打扫寺院来清除业障，同时要边扫边念诵“扫帚”二字。

虽然只有两个字，注荼半托迦依然是记前忘后、记后忘前，想到“扫”就忘了“帚”，想到“帚”就忘了“扫”，因此烦恼不已。于是佛陀慈悲地告诉他：“‘扫帚’的意义就是去除尘垢。想想看，你诵‘扫帚’二字的目的是什么呢？”注荼半托迦依佛陀的教导思考着：“灰土瓦砾是尘垢；去除就是清净。所以佛陀是在提醒我，除了扫除外面的尘垢外，还要去除心中的尘垢。”注荼半托迦就这样不断地重虑缘真，最后一念相应慧，手执扫帚透视幻象而证得开悟，终于得证阿罗汉果。

愚钝从来都不是失败的理由，懒惰才是失败的理由。人不聪明不可怕，不懂得努力才可怕，哪怕资质不理想，只要有一颗上进的心，肯花功夫去做，一样能够成就大业。

人们总是喜欢给自己的失败强加各种各样的理由，其实仔细想一下就会发现，那些外在的牵绊往往都是无关紧要的，最最重要的就是功夫没有下到，只不过是出于面子原因，自己不愿承认罢了。想让生命有意义，就要懂得，不给失败找借口，只给成功找理由。凡事不要计较太多，努力去做就好了。

不怕花时间

禅宗惠能大师从五祖黄梅弘忍禅师处得法，获得衣钵心印，即刻向远方逃逸，为的是怕人嫉妒、陷害。

但消息仍然走漏，被一位叫陈慧明的禅者沿途追赶。终于赶到时，陈慧明称此来不是为了衣钵，而是为了求法，恳请惠能六祖接引。

惠能便说："既然你是为求法而来，希望你先抛弃一切外缘，断绝一切思念，我便为你说法。"

人的心中，知见很深，执着很多，就是再好的妙法，也装不进我们的心田。

过了一会儿，惠能禅师接着说：

"你不要想到善，也不要想到恶。就在这个时候，请问什么是你慧明上座的本来面目呢？"

陈慧明听了这话，立刻大悟，接着又要求惠能再告诉他一些秘密的意思。

惠能禅师便说："我能告诉你的，就不是秘密的意思了。如果你能反照自己、反观自己，所谓秘密的意思，就在你的心中。"

慧明非常感激："我在弘忍大师门下很久，都不知道自己的本来面目，您的指点使我感觉，道是'如人饮水，冷暖自知'。我现在对自己都明白了。"

陈慧明在六祖惠能大师的指示之下终于觉悟，但如果没有在弘忍门下多年，可能也无法在六祖大师这里觉悟。这就像煮饭，虽然是最后一把草煮饭，但是没有前面的几把草，这饭也不能熟。

木有本，水有源。当下的一刻，原来是从历史时间中得来的。所谓"因缘成熟"也就是这个意思。

所以，凡事不要希望速成。一步一步去走，慢慢地，总有得到的一天。如果不重视这个积累的过程，势必难得到想要的结果。常有人说，在一个领域坚持五到十年，那么就可成为这一领域的顶尖人物。也确实，那些在行业内叱咤风云的，都是有着极强极广的行业积累者。

然而，生活中，人们却常不能坚持，从而荒废了精力，最终一事无成。

还有就是，坚持之后，却只看到了结果，而忽视了从前的过程。

更多的人，总是盯着自己成功的那一刻，只看到了帮自己成功的那一个人。而忘记了在坚持的路上给予自己帮助的众生。就像更多的沙弥看了慧明在六祖处得道的故事后，都一味赞叹六祖的大智慧，可以指点迷津、助人得道，却看不见在六祖之前，弘忍禅师已经在慧明身上花了数年的功夫。如果没有弘忍禅师的这番功夫，任是六祖法力再过广大，一样无法让慧明顿悟。

帮助过我们的人很多，有的效果明显，助我们一夜功成名就，帮我们解了燃眉之急；有的效果不明显，只是默默支持，于我们并未见显著效果。但两者是一样的，那些给我们印象的，我们要牢记、要去报答，那些没给我们留下印象的，一样要感谢。

人生一路，要经过许许多多的风景，那巍峨的山川、静谧的湖水、高大的胡乔树木让我们赞叹、流连，成了我们生命中无法抹去的印记。但也不要忘了，时时陪着我们的，那开在路边的野花。它们常见，所以我们不见，但没了它们，我们的生命注定干枯。

地狱与天堂

有一位太守，去拜访白隐禅师，请教是否真有地狱与极乐，还是只是一种想象。他并且请求禅师，带他到真实的地狱和真实的极乐，让他能体验一下。

白隐禅师听了，立刻就以最恶毒的话骂他，使得这位太守非常惊讶。最后，太守实在忍不住了，就随手拿起一根木棍，要打白隐禅师，一面打，一面大声骂着：“你算什么禅师？简直是个狂徒！实在是一个无礼的家伙。”

白隐禅师逃到大雄宝殿的大柱后面，对着面露凶相追赶他的太守说：

“你不是要我带你参观地狱吗？你看，你现在的样子，不就是地狱吗？”经白隐禅师这么一说，太守顿然觉悟，立刻到白隐禅师面前，忏悔道歉。

白隐禅师见状，又说：“你看，你现在这种庄严、慈祥的样子，不就是极乐吗？”天堂、地狱在哪里？这可分三等来说：

第一，天堂极乐在天堂极乐的地方，地狱当然是在地狱的地方。

第二，天堂地狱都在人间，我们有时候住在高楼，非常舒适，那不就像天堂吗？有时候穷苦得连住都不安心，不就是像地狱吗？

第三，天堂极乐或地狱都存在我们的心中，我们的心从天堂极乐世界到地狱，每天不知道要来回多少次。

因此，我们可以说，我们的心快乐的时候，就是极乐天堂，痛苦的时候，就是地狱。

由此可见，天堂和地狱其实都在我们的心里，在我们的选择当中。同样一件事，选择乐观面对、积极争取，结果往往也是我们所乐见的，这时候，就是身在天堂。选择悲观面对、放弃努力，那结果必然也是我们所不愿见的，那么就置身地狱了。其间之差别，不是世道在惩罚我们，而是我们的选择。当灰心丧气选择放弃的时候，其实已经是认输了，自然没有好结果。这时候还抱怨世道不公，就是对世道的不公了。

我们常怨天道轮回没有给我们公平，是在折磨我们，却很少想过我们是否真的去做过努力。这世上只有自己奋斗出来的公平，从没有从天而降的公平。即使上天掉馅饼给我们，想要吃到也要弯腰去捡；即使上天送机会给我们，想要把握也需要努力去做。没有任何的付出，就想得到别人经过奋斗才得到的结果，是不可能的。

不想去做就想得到的人，就是自己将自己置身地狱的人；那些努力改变现状，靠付出让自己快乐起来的人，就是让自己上天堂的人。

地狱和天堂从来都不是人们离世后的选择，而是每天选择的积累。选择快乐和努力，天天都是在天堂。选择痛苦和放弃，则天天都是在地狱。身在地狱的人们，不要抱怨老天，而要审视自己。

专则成

一位得道高僧来到一座无名荒山，山间茅屋中闪烁金光，高僧料定此间必有高人，遂前往一探究竟。

原来，茅屋中有一位老人，正在虔诚礼佛，老人目不识丁，从未研读过佛经，只是专注地念着大明咒："唵嘛呢叭咪吽。"高僧深为老人的修为所动，只是他发现老人将六字真言中的两个字念错了，于是便指点了老人正确的梵音读法，然后便离开了，心想老人日后的修为定能更上一层楼。

一年后，高僧再次来到山中，发现老人仍在屋中念咒，但金光已不再。高僧疑惑万分，与老人攀谈得知，老人以往念咒专心致志，心无旁骛，而得高僧指点后总是过于关注其中两字的读法，不由心绪烦乱，因此经常出错。

高僧一片好心，却办了坏事，让本来已经有所成就的老人反而不如之前了。这是因为高僧虽然有大法力，但还没有到达真正的悟的境地。

真正觉悟的僧人，自然会明白佛家不立文字的道理。佛法的真要是导人向善，引人专注的，只要达到了这目的，那佛法是真法还是人们的以误传误，其实已经不重要了。佛家依靠的本来就是专注而清净的内心。有了这份心，自然一切皆成。

凡事都要专一，不专一便会流于表面，因此不得深入。"杂则多，多则扰"，考虑得太多，困扰了自己，也搅乱了他人；"扰则忧，忧而不救"，思想复杂了，烦恼太多了，痛苦便会增多，最后连自己也拿自己没办法。

没有不变的圆满

这天，刚刚做完日常佛事，僧侣们正要走出禅房时，方丈守心法师扬手碰落了供台上的一个瓷瓶，瓷瓶落地摔了个粉碎。

众弟子一下愣在了那里，茫然不知所措，搞不清方丈这一举动是有意为之，还是无意所致。守心法师见学僧都以探询的眼光看着自己，便语气凝重地说："一抷泥土，不知经历了多少工序，经过了多长时间的煅烧，才超脱成珍贵的瓷瓶，又被我们摆上了神圣的供桌，成为一件高贵圣洁的法器。如果保存得法，千百年都不会损坏，那时，便成了人人供奉的法宝了。可是，扬手之间，它就坠落于地，重归泥土，一文不值了。你们也一样，入我禅门，得了我的法号，也算小有境界，不是件容易事，若不珍惜、不自律，堕落起来与瓷瓶无异！"

僧侣们都默默无语，有些人却忽然有所顿悟，合掌跪地，深表忏悔。

这世上没有坚不可摧的堡垒，再强大的防御，也有被攻破的可能。想要真正防御敌人，修完堡垒之后便归家睡觉是最要不得的。还要对堡垒时时修护，要找人经常看守，只有这样，才能避免敌人的入侵。

我们的心也一样，要时时维护，不要因为一时的心静，就觉得获得了永久的心静。还要懂得日常修持，每天都让自己的内心强大一点点，只有这样，才能做到闻八风而不动，那时，才能超脱烦恼。

我们的技艺也一样，不要以为学到手就万事大吉了，依然要坚持苦学，要不断创新，更是要时时试炼，莫要将之荒废。一个天天认真干活、钻研技艺的泥瓦匠，终有一天会成为建筑大师。一个躺在理想里睡觉的建筑大师，也终会因为荒废了手艺而沦落为泥瓦匠。

这世上没有永恒不变的圆满，只有慢慢积累的成就，每天拿出一点时间来，让自己的心宁静，让自己的技艺得到加强，收获的就是一个完美的人生。如果觉得自己已经什么都有了，便不去努力，终将会堕落成茫茫然的路人。

平常的话语最值钱

除夕将至，常年在外经商的商人来到街上准备买些年货回家过年。他想，一年没见家人了，应该为妻子、儿女多买些礼品，于是来到闹市的首饰铺。在门口，他见着一个老和尚脖子上挂着一个招牌，上面写着“卖偈语”。商人十分好奇，便凑到跟前问和尚：“偈语怎么卖？”

和尚回答他：“十两黄金！”

“十两黄金？你卖的是什么偈语，这么贵？”

老和尚说：“施主是否真心想买？若有真心，我自然会告诉你一个值此价钱的偈语。”

商人经不住好奇心的怂恿，便从身上掏出十两黄金，交给了和尚。

老和尚收好黄金后，念了一首偈语：“向前三步想一想，退后三步思一思；嗔心起时要思量，息下怒火最吉祥。”

商人听了这简单的四句话后，非常失望，心想，这样四句话，就要走了我十两黄金，太不值了，我这是上了老和尚的当了。刚要发作，想起这是在闹市，那么多的人看着，若和老和尚争执起来，有损自己的形象，便忍了下来。

走的时候，老和尚又叮嘱了商人一番：“这是个十分有用的偈语，希望施主谨记。”

商人置办好礼物后，快马加鞭地往家里赶，回到家的时候已经是三更天了。

家里的大门没有锁，商人直接进了门，往房间走去。他正准备喊妻子，突然发现在挂着蚊帐的床前摆着一双男人的鞋。商人心里“咯噔”一下，猜想妻子肯定是趁着自己不在家，偷会男人了。他越想越气，我在外面拼命赚钱，你们却在这里快活，不禁越想越是恼怒。最后冲到厨房拿起了一把菜刀，想要杀死这对男女。

就在举刀要砍的时候，“向前三步想一想，退后三步思一思”，白天老和尚的话猛然出现在商人的脑海中。已在半空的刀渐渐地垂下，商人往前走了三步，又往后退了三步。这时，妻子被脚步声惊醒了，起来看是丈夫归来，欣喜异常，忙问他累不累。

商人没有答话，而是指着床下的鞋问道：“这是谁的？”

妻子看着丈夫手中的刀就已经明白几分，她十分委屈地说：“你在外头做生意那么久都不回家，今天过年，是个团圆之夜。既然你不能回了，那我还不能摆双鞋子图个团圆的吉利，等着你回来吗？”

商人一想，有道理，而且此时妻子已经揭开了蚊帐，床上并没有人。于是马上扔掉了手中的刀，给妻子道歉。然后大声叫喊道：“这个偈语怎么不值十两黄金了，就算千两万两也值了！”

很多人都喜欢寻找一些富有大智慧的语句，而对那些讲述平常道理的话语不以为意。却不知，正是那些平常简单的话，才是对我们最为有用的。我们觉得它们没用，不过是认为自己已经掌握了这些道理，能够做到道理所说的那般了。其实不然，更多时候，不过是自己高估了自己罢了。

若是用那些最简单的信条来对比自己的行为，便会发现，其实差得还远。成就自我，更多的时候只需要将平常人都懂得的规矩、信条完全做到就可以了，并不需要太多过人的智慧。

当你比身边的人更加踏实、更加遵守道德的时候，就已经是最大的成功了。

因境而变，随情而行

有一位高僧，是一座大寺庙的住持，因年事已高，便想找个接班人。

一日，他将自己最得意的两个弟子慧明、尘元叫到了跟前，对他们说："你们俩谁能凭自己的力量，从寺院后面悬崖的下面攀爬上来，谁就是我的接班人。"

慧明和尘元接了命令，一同来到悬崖下，那真是一面令人望而生畏的悬崖，极其险峻、陡峭。慧明身强体健，觉得自己肯定没问题，因此信心百倍地开始攀爬。但没爬多久，他就从上面滑了下来。慧明并不气馁，站起来重新开始。然而，尽管他这一次小心翼翼，但还是从悬崖上面滚落到原地。长于坚持的慧明稍事休息后又开始攀爬……

让人感到遗憾的是，慧明屡爬屡摔，最后一次他拼尽全身之力，爬到一半时，因气力已尽，又无处歇息，重重地摔到一块大石头上，当场昏了过去。高僧不得不让几个僧人将他抬回去。

接着轮到尘元了，他一开始也和慧明一样，什么也不想，只是竭尽全力向崖顶攀爬，结果也是屡爬屡摔。最后，尘元紧握绳索站在一块山石上面，他打算再试一次，但是当他不经意地向下看了一眼以后，突然放下了用来攀上崖顶的绳索。然后他整了整衣衫，拍了拍身上的土，扭头向着山下去了。

旁观的众僧十分不解，对此议论纷纷。只有高僧默然无语地看着尘元的去向。

尘元一直走到山下，之后沿着一条小溪流顺水而上，穿过树林，越过山谷……最后没费什么力气就到达了崖顶。

当尘元重新站到高僧面前时，众人还以为高僧会骂他贪生怕死，吃不得苦，甚至会将他逐出寺门。谁知高僧却微笑着宣布尘元为新一任住持。大家听了结果，皆面面相觑，不明所以。

尘元向其他人解释："寺后悬崖乃是人力不能攀登上去的。师父经常对我们说'明者因境而变，智者随情而行'，就是教导我们要知伸缩退变啊！面对不可能之事，一味努力，结果只能是花了力气，却一事无成，只有懂得变通，才是真正的智慧。"

高僧满意地点了点头，说："若为名利所诱，心中则只有面前的悬崖绝壁。天不设牢，而人自在心中建牢。在名利牢笼之内，徒劳苦争，轻者苦恼伤心，重者伤身损肢，极重者粉身碎骨。参禅悟道也一样，只想着快点悟道，结果忘了选择适合自己修行的路，只能一辈子打坐参禅，永远成不了佛。"

众人听了禅师的话，恍然大悟。

坚持重要，在对的路上坚持更重要。努力是成就的前提和必须，但努力并不等于成就本身。有句话说，如果身处错路，即使奔跑也没有用，反而会因为行得太快而离目标越来越远。

做什么事情，都要有一个清晰合理的规划，不要埋着头死干。找对路，永远都比走路更重要。

有头寻头

村子里有个叫菩达多的女孩，长得非常漂亮。有一天，她从河边走过，不经意间往水里看了一眼，正巧那时她出现了错觉，看到自己映在水里的倒影是没有头的。这一下，可吓坏了菩达多。她竟然出现了精神错乱，狂奔进村子，见人就问："我的头呢？看到我的头了吗？是你拿去了吗？把我的头还给我吧！"

从那之后，村子里的人都害怕见到她，朋友们不敢和她见面，家里的人更是每天都被她吵得不得安宁。

有一天，一个法师路过这个村子，遇到了菩达多。菩达多一见他便问："我的头呢？是你拿去了吗？把我的头还给我。"

法师没有走开，而是来到她的面前，一抬手，给了她一个耳光。

菩达多捂着滚烫的脸，大声叫喊："你为什么要打我？你怎么能够打我？"

法师反问她："我打你了吗？打到你哪里了？"

菩达多说："你明明打了我的头呀！"

法师说："我打你的头了吗？可是你说你没有头，还要我还你头？"

菩达多一震，顿时就惊醒了。

这世上很多人都跟菩达多一样，那东西明明已经有了，却总是视而不见，反而要求别人给自己。他们之所以看不到那东西，不过是自己的心不够认真罢了。

有的人，身在父母的关爱当中，却总觉得没有温暖。不是因为父母爱他不够，而是他不善于去发现。有的人，身边朋友围绕，却总觉得自己是孤单的，没有人陪的，不是朋友冷落了他，而是他没有发现友谊的能力。直到有一天，父母离去、朋友远走他乡，这时候他才会发现，原来生活中缺了他们之后，少了多少温情和爱护。

可是，当认识到父母和朋友对自己的付出之后，一切已经晚了。不要等到温情离去的时候，才明白温情的可贵。去关爱身边的人，感受他们给我们的温暖，然后好好珍惜。

时时自省

秋去冬来，不知不觉又到了岁末。一天，佛陀让弟子们在庭院中竖起一根大铁柱。弟子们虽然不明白佛陀的用意，但还是照办了。

新年的前夜，佛陀叫来阿难，让他先去沐浴，然后换上一件新袈裟。阿难梳洗完后，穿着新装来到佛陀面前时，佛陀慈爱地对阿难说：

“阿难！我要请你帮我做一件极重要的事。”

阿难急忙问：“世尊，您要我做什么呢？”

佛陀微微一笑，指着那根竖立在不远处的铁柱对阿难说：“你去敲一敲那根铁柱，一定要用力地敲、使劲地敲。”

阿难点头答应后就出去了，他来到铁柱旁边，拾起一块坚硬的石头，对着那根铁柱先试着比画了几下，随后用力敲了下去。

猛然间，那根铁柱发出了极响亮的声音，这声音几乎传遍整个舍卫国，连地狱里的饿鬼和畜生道的畜生们也都听见了。更奇怪的是，大家听到这声音后，所有的痛苦、烦恼都消失了，甚至连敲铁柱的阿难也被声音震撼了。

在僧房中休息的比丘们听到声音后，都走出了禅房，会聚到讲经堂。

佛陀对他们说：“众位弟子，明天就开始新的一年了，大家已学习了一年的佛法，现在你们应该反省一下自身，我也同样需要反省。你们两人一组，各自向对方检讨自己的过失，并要对自己所犯的过失作出忏悔，使自己的身心清净不染杂念。”

所有弟子都遵从佛陀的吩咐，两人一组，认真检讨自身，忏悔后重新回到了自己的座位上。

这一天中，有一万个比丘感受到佛义，消除一切杂念，另有八千个比丘修成了阿罗汉。

忏悔，可以让八千比丘成罗汉，让一万比丘除杂念，可见忏悔的力量。

所谓流水不腐，人也一样，只有时常自省，更新自己的思想，才能让自己保持上进，获得更大的提升。

“吾日三省吾身”不仅是在寻找自己的毛病，也是在让自己获得更大的进步。能战胜自己，才是真境界，这境界，必然要从自省开始。

好事不如无事

风趣幽默又活泼的赵州禅师，曾提出一句禅话：“佛是烦恼，烦恼是佛。”

学僧不解，问道：“不知佛在为谁烦恼？”

赵州禅师回答：“为一切众生烦恼。”

学僧再问：“如何可以免除这许多烦恼呢？”

赵州禅师非常严肃地反问：“为什么要免除那许多烦恼呢？”

有一次，赵州禅师看到弟子文偃禅师在礼佛，便用拐杖敲打了他一下：“喂！你在做什么？”

“礼佛。”

赵州禅师呵斥：“佛是用来礼的吗？”

文偃禅师不解：“礼佛总是好事！佛当然是要给人崇拜的。”

赵州禅师指示：“好事不如无事。”

烦恼是病，佛道也是病。佛是为了一切众生而病，既是为了救度众生，他为什么要免除烦恼呢？礼佛虽然是好事，但是切莫执着于“好事”（功德），无事才是真正的好事。

当初达摩禅师到东土来，梁武帝一见到他就问：“朕印经建寺装佛像，请问有何功德？”达摩祖师回答：“并无功德。”梁武帝不懂。我们自性法身体里的功德，哪里能在事相上去求呢？印经造像这是有为功德，当然无法与无为的功德相比。

布施行善等有为的功德，固然是求佛。但是，禅不能光是一点福德因缘。最主要的，是般若智能的法身自性现前。无事，才是真正的禅心法身的现前了。

所谓无事，并不是真正的虚空，不是什么事情也没有，什么事情也不去做，而是不执着于事，不执拗于事。我们要去做事，但不要时刻惦念着这件事。真正的无事，是忘记做事的目的，随性去做。

想要礼佛，直接去拜就好了，不必去想什么崇拜；想要建庙，直接去做就好了，无需想什么功德。人一旦有执念，就会分身，反而不利于做事情。

很多时候，做成事的最好办法就是忘记自己的目的，而闷头去做。将每一个细节做好，做到极致，自然能够达到我们想要的目标。如果时时想着目标，反而会因为被结果所框，束缚了头脑。那时候，便是被事所累了。

人生最好的状态，就是放松的状态。我们可以学会知识，却无法学会放松。只有真正的忘记，才能获得真正的轻松。而这份轻松则是动力之源。

第八章 心安世界稳，知足无烦恼

心空世界明，心安世界稳。烦躁带给人们的不仅是心的波动，还可能是人生的波动。冲动从来都不是豪气，冷静地面对才能显现出豪气。让自己的心安，冷静面对一切，自然想要什么便得什么。

佛亦狂

德山宣鉴禅师是个很有趣的人。

有人问："什么是菩萨？"德山宣鉴就用棒子打他："出去！别到这里来拉屎！"

"什么是佛？"他回答："佛是西天老臊狐。"

德山宣鉴有一天在堂上讲法，说："我这里没有佛，没有祖，达摩是老臊狐，释迦牟尼是干屎橛，文殊、普贤是挑粪工，等觉、妙觉都是凡夫，菩提智慧、涅槃境界都是系驴的木桩。十二类佛经是阎王簿，是擦疮的废纸，四果三贤、初心十地都是守坟的鬼，自身难保。"

德山禅师一生狷狂，从不将任何佛祖放在眼里。他临终时，告诫徒子徒孙道："扪空追响，劳汝心神。梦觉觉非，竟有何事！"

一些其他禅师也有类似的语言。

临济上堂曾说："三乘教法的十二部经典，是给人擦拭污浊的旧纸，佛是虚幻，祖师达摩是老比丘。你是娘生娘养的不是？你想成佛，就被佛魔抓住；你想求祖，就被祖魔抓住。有所求，都是苦事，不如无事。"

禅有很多种，有打坐禅、诵经禅、云游禅，还有一种狂禅。

不管做什么都是需要这样一颗心的：这颗心是恒心，是善心，也是专心。有了它，视佛祖为粪土一样能成佛，没有它，天天礼拜佛祖一样是个禅的门外汉。

做事认真，与人为善，坚持不懈，便能到达心中的天堂。有了这颗心，外表狷狂些也无所碍。

不以貌相取人

印度历史上的阿育王朝是一个全盛的黄金时代。阿育王崇信佛教，每当看到出家人，他都会对其进行至诚的礼拜。

有一次，阿育王与大臣们出巡，途中遇见一个小沙弥。正想对其进行礼拜时，阿育王转念一想：不行，今天可是有众多大臣相随，如果当着大家的面对一个小沙弥行礼，岂不是有损我帝王的尊严。

于是，阿育王将小沙弥请到一个无人的地方，偷偷地向他礼拜。礼毕后，阿育王叮咛小沙弥："今天我向你行礼之事，你我知道就好了，不要向别人说起！"

小沙弥听完后，从路边捡起一个小瓶子放在跟前，并通过神力将自己变小，钻进瓶子里去。过一会儿，小沙弥又变了回来。

阿育王瞪大眼睛看着小沙弥，一时无语。

小沙弥拉着阿育王的手说："今天小沙弥变身从这个小瓶子里出出进进的事，请大王也不要向别人说起啊！"

阿育王豁然顿悟。

佛家流传的"沙弥虽小不可轻视"便是源自这个故事。很多人都愿意以貌取人，只相信自己看到的表面现象，从不去深究其中的原因，因此做了很多错事。却不知，但看表面是最不可取的。尤其是看人，以貌取人是极大的荒谬。

在这方面，不单小沙弥被人轻视，著名的一休禅师也曾遭遇过冷遇。一次他去将军家赴宴，可守卫不让他进去，因为守卫觉得这人穿着普通，不可能是将军的宾客。一休禅师无奈，回去换了身华丽的衣裳才得以进入。最后一休禅师将所有的菜都倒进了衣袖中，将军问何故的时候，他说你们家宴请的是衣服不是我，自然要给它吃，将军很是羞愧。

可见，愿意以貌取人的人还是很多的，甚至可以说，我们每个人或多或少都有点类似的毛病。同样一句话，若是出自高僧之口，我们便会重视；出自一个褴褛乞丐之口，我们便多半不当回事。这些，都是我们的不足之处。

每个人来到世间，都有他值得尊重的地方，那便是他的长处。这些长处跟他们长什么样、穿什么衣服、现在处于什么地位是没有任何关系的。不要因为他的外在因素不符合我们的预期，便轻视他们。那样损失的只能是我们自己。

莫伤悲

佛陀在世时，王舍城外的小村庄里住着一对恩爱的小夫妻。两人非常恩爱，日子过得有滋有味，结婚不久，他们就生了一个儿子、一个女儿。女儿没多大时，妻子又怀孕了。眼看着妻子就要生产，丈夫开始忙活着准备行李送妻子回娘家待产。因为他们那里有一个风俗，女人生孩子一定要回到娘家去才吉利。

大清早，丈夫就准备好了牛车，车上放了很多干粮，还有御寒的衣服。一切准备妥当之后，一家四口便出发了。

中午，他们在一棵树下停了下来，准备休息一下，吃些东西。刚坐下，就听到牛发出了一声凄惨的叫声。应声望去，看到拖着车的牛倒在了地上。丈夫赶忙跑过去，发现一条毒蛇缠在牛的脚上。丈夫毫不犹豫地拿起一根木棍想要把蛇打掉。

结果，蛇没有被打掉，反而顺着木棍窜到丈夫的身上，紧紧缠住了丈夫的身子，他试图要挣脱，可是越使劲，反而被缠得越紧。妻子看了，非常害怕，又不敢靠近，只能看着丈夫被蛇缠着，直到最后没有了呼吸。

妻子看着倒下的丈夫，痛心不已。可当回头看到自己的两个孩子时，她突然明白，虽然没有了丈夫，没有了牛车，可是还有孩子，他们需要她的照顾，她必须要打起精神，继续走下去。心里这样想着，就没那么绝望了，于是妻子简单掩埋了丈夫之后，带着孩子又上路了。

途中，他们来到了一条河边，此时，母子三人又饿又累。这个时候，她看到河的对岸有一户人家，她高兴极了。可是，河面上没有船，又该怎样过河呢？她走到岸边，试了试水，发现水很浅，于是牵着两个孩子准备蹚过去。

不幸的是，当他们走到河的中央时，水流变急，河床竟然往下凹。她紧紧地抓住孩子的手，可是水还是把她和孩子冲散了。渐渐地，她眼前一片黑暗，看不见任何东西，接着便不省人事。

最后，她被岸边的人救起了，但是孩子却被冲走了，没有了踪影，就连肚子里的孩子也被冲掉了。瞬间，一切都崩塌了，她万念俱灰，不再觉得活着有什么意义。这时候，佛陀出现了，开始劝慰她。

佛陀说："人在世，必须遵从往生轮回，你的丈夫、孩子其实并没有死，而是去了另一个世界。你总有一天会跟他们相见，到那时，你便可以用你眼之所见给他们讲述这世间的种种。从现在起，你就是他们的眼、是他们的心，代他们观这世界，你坚强他们便没有死，你快乐他们便无忧愁……"

妇人闻得此言之后，重新看到了希望，找回了身心的安顿。

亲人故友别离的伤悲，不仅有怀念故旧、以往的温馨不再来的感慨，更有无依无靠、前行之路不知该怎么走的迷茫。我们害怕朋友离去，不仅是害怕以后再也见不到他，更是害怕他走了之后我们无法再找到新的朋友来填补我们的生活。

因此，妇人之哭，不仅在哭她死去的丈夫和孩子，更是在哭从此孤苦无依的自己。佛陀给她的不是安慰，而是希望，让她知道，丈夫和孩子并没有离开她，仅仅是在另一个地方等着她。

不要因为朋友的离开而伤悲，他们并不是抛弃我们，而是在另一个地方等待我们；也不要因为亲人的远行而悲痛，他们也是在另一个地方等待着我们。那里有新鲜的乐趣，有更多的朋友。

推己及人

有一次，佛陀在竹门村的北郊外栖身。村里的婆罗门居士们听说佛陀来了，便纷纷赶去群集，想听佛陀说法。见到佛陀后，其中一位婆罗门问："大师，我们如何才能得幸福，死后往生到极乐世界呢？"

佛陀听后，便将一个推己及人的自通之法教导给大家：

"所谓推己及人的自通之法即：我因为期待幸福、排斥痛苦所以不愿被杀，那么其他人也一定是这样想的，所以我在不想被杀的同时，也不能杀害众生。能这样想，我们便能戒杀、劝人戒杀、赞叹戒杀，同时我们的肢体也在这三方面获得了清净；我不喜欢被偷、被抢、被骗；不喜欢妻子对我不忠；不喜欢有人在我与我的亲友间挑拨离间；不喜欢别人对我骂粗话；不喜欢别人对我说话轻薄，所以，我们自己也不要去做这些事。继而便是，我们还要劝导别人也不偷不抢不诈欺，不与人通奸，不挑拨离间，不骂粗话，言语不轻薄，同时，我们也要赞叹这些行为。如此一来，肢体与语言行为，就能在这些方面获得清净。这就是通往圣道的戒行。"

所谓人同此心，心同此理。同在一世为人，虽然声音、相貌有所差别，但彼此的内心是大致不差的。我们想要的别人多半也会想要，我们讨厌的，别人往往也讨厌。因此，想要有一个好的生存环境，就要懂得约束自己了。

如果不懂得约束自己，做一些伤害别人的事情，那么他们反过来也会伤害我们。只有大家约定俗成、心照不宣，都想去做一个好人，这个世界才会好。如果每个人都想自己获利，而别人遭受损失，那么最后的结果必然是我们都遭受损失。

我即世界，我怎么做世界就怎么做，我怎么想世界也会怎么想。我是善良的，这世界便会多一分善良；我是邪恶的，这世界便会充满邪恶。从约束自己开始，做一个善良的好人，必然社会的每个角落都是好人。

害怕就说出来

在一次禅七中，一位修行者突然哭了起来。圣严法师见状，便问他为何哭泣，他回答说："生活在世界上的孤独感让我害怕。"

圣严法师问："难道你不知道每个人都是独自来这个世界，最后又独自离开的吗？"

修行者回答说他知道，但是仍然害怕。

圣严法师又问："那么在禅七修行中你还害怕吗？"

修行者回答说："此时不怕，但是一旦回到日常生活中，对孤独的恐惧与不安就会再度袭来，那时便又怕了。"

圣严法师听了之后，点头赞许，并决定传衣钵给他。

修佛之人，竟然还会害怕孤独和寂寞，可见这个人的道行还很浅薄，离开悟差得还很远。但同时，这人能说出自己本身的感受，而不去伪装成一切都不怕的模样，说明这人还是有慧根的，只不过还没有到开悟的时候。

很多事都是这样，我们现在做不好，是因为我们还没有那份能力。可是有的人面对这种情况时，会打肿脸充胖子，装出一副无所不知的模样，为的是害怕别人瞧不起自己，害怕被人轻视了。而有的人则坦坦荡荡，直言自己的不足，承认自己在某些方面还有提升的空间和可能。

前者，欺世盗名、自我虚幻，永远活在一个虚拟的世界里，找不到人生的边际。后者则脚踏实地、一步一个脚印，用努力在成就自己的人生。他们现在或许还不如意，但总有一天会成为真正的强者。

有缺点、有不足并不可怕，拼命去掩饰自己的缺点和不足才可怕。要知道，承认自己的不足，便有了前进的可能。这行为本身，就是一种进步。

没有不可原谅的错

朝阳升起之前，庙前山门外凝满露珠的春草里，跪着一个人，大喊：“师父，请原谅我。”

这人是某城风流的浪子。二十年前他曾是庙里的小和尚，极得方丈宠爱。方丈将毕生所学全数教授与他，并希望他继承自己的衣钵，能成为出色的佛门弟子。他却在一夜间动了凡心，偷偷下山去了；色彩缤纷的城市迷住了他的眼目，从此花街柳巷，他只管放浪形骸。夜夜都是春，却夜夜不是春。

二十年后的一个深夜，他陡然惊醒，自己在俗世游荡了已经整整二十年，可是回首过去，竟然一件有意义的事情都想不起来，那时光岂不是相当于白白溜走了。他忽然忏悔了，披衣而起，快马加鞭赶往寺里。

“师父，您肯饶恕我，再收我做徒弟吗？”他依然大喊。

方丈深深厌恶他的放荡，只是摇头说：“不，你罪孽深重，必堕阿鼻地狱，要想佛祖饶恕，除非连桌子也会开花。”浪子无奈，失望地离开了。

第二天早上，方丈踏进佛堂的时候，惊呆了：一夜间，佛桌上开满了大簇大簇的花朵，红的、白的，每一朵都芳香逼人，佛堂里一丝风也没有，那些盛开的花朵却簌簌急摇，仿佛在焦灼地召唤着谁。

方丈顿时大彻大悟，他连忙下山寻找浪子，却已经来不及了，心灰意冷的浪子又重新堕入他过去的荒唐生活。

而佛桌上开出的那些花朵只开放了短短的一天。是夜，方丈圆寂，临终遗言："这世上，没有什么歧途不可以回头，没有什么错误不可以改正。"

犯错不可怕，改了就好，大错大改，小错小改，只要懂得学好，从来都不会晚。怕就怕那不学好者，以犯错为乐趣，视犯错为荣耀。这样的人才是无可救药的人。

不要将一次错误当成终生的错误，更不要让一次错误变成终生的错误。这世上没有什么过不了的坎儿，也没有不能原谅的过错，犯错后不要自暴自弃，要懂得积极向上，去弥补自己犯错所造成的损失，自然能够得到众人的原谅。

修行不易

在一切度王佛弘化的时代有两位比丘，一位是精进辩比丘，一位是德乐正比丘。一天，一切度王佛宣说无上甚深的佛法，众生听闻消息，纷纷前往，两位比丘自然也去了。

弘法中，精进辩比丘心念专注，一瞬间忽然契悟，当下证得菩萨的果位；而一旁的德乐正比丘却敌不过昏沉与瞌睡，提不起修行的精神，结果一切度王佛讲的无上妙法，有一半都没听进去。

精进辩比丘劝说德乐正："千万亿年之久才能遇到佛陀住世，因缘如此难得，你要赶快提起道心修行。人要是一昏睡觉性就沉下去了。"

德乐正比丘听精进辩比丘的话有了省悟，以后就经常抖擞精神地钻研佛法。但时间一久他又困了。一次，德乐正意识模糊时恰巧被精进辩比丘看到。为了善护念德乐正的道业，精进辩比丘化身为一只蜜蜂王，发出嗡嗡的声音，朝着德乐正的眼睛直飞过去，好像就要螫刺他的眼睛似的。德乐正比丘一睁眼看见飞来的蜜蜂瞬间除去了昏沉，又开始用功。

接下来，每当德乐正比丘想睡时，蜜蜂王就俯身作势要螫他。如此一来，德乐正再也没有了瞌睡。

过了一会，蜜蜂王停在鲜粉色的荷花上。吃饱了蜜的蜂王昏昏睡去。不料一阵风吹过，花儿摇曳，蜜蜂王竟连翻带滚地掉落到泥沼中，它奋力地飞出泥沼，将身体洗净。德乐正见到这般情景终于明白，蜜蜂王作势螫他是为了帮助自己提起修行的道心，而贪吃、昏沉、陷于泥沼就好像自己不认真修行的果报，好比现在自己的处境一般。于是，德乐正比丘不再为昏沉烦恼所障碍，每天禅坐、经行、精进不懈，很快就证到不退转的圣人果位。

故事中的两位比丘都是大法力者。精进辩比丘是佛陀的前世，而德乐正比丘则是弥勒佛的前世。

佛家一直劝诫，修行不易，且修且珍惜。到达果证从来都不是简单的事，需要刻苦、坚韧和付出，如果三天打鱼两天晒网，那么自然最后一无所得。

佛的果证是修行人的终点，成就自我是俗世人的归宿。两者都是人生的顶点，自然也有相似的特征。想要成就自我，一样很难，稍不小心，便无法达成了。

不要怕苦，人生的苦都是为乐而存在的，今天有多苦，明天就有多快乐。也不要怕累，现在的累，是为了将来的不累，如果现在不累，那么将来必然更累。也不要怕难，凡事认真，自然不难。

世上从没有无来由的好处，也没有无来由的坏处。想拿到好处，是需要付出努力的，那些让我们烦恼的坏处，便是付出的一部分。

懂得万物的好

弘一法师是近代中国得道的高僧。1924年，正是兵荒马乱的时代，他修道于宁波七塔寺。弘一法师的挚友夏丏尊邀他到白马湖小住。

弘一法师所带的铺盖只是一床破席、一条毛巾，再无其他。夜里，衲衣为枕，便可自在安眠；他洗脸的毛巾也早已破旧不堪了，不过虽然破旧但洁白。夏先生要替他换掉这些所携之物，但弘一婉言坚拒。

他平淡地说："还可以用，好好的，不必换了。"

夏先生带来的饭菜，咸了些。他又微笑着说："这样蛮好的，咸有咸的滋味嘛！"

夏先生说："你在这里安心住好了，每天我会差人送饭来的。"

弘一法师再次婉拒："不必了，出家人化缘才是本分。"

夏先生见法师如此坚持，只好说："那么，平日化缘，下雨天就让人送饭来吧！"

"不用了，我到你家去好了，下雨天也不要紧，我有木屐可走潮地，这可是我的法宝呢！"

后来，夏丏尊先生说到弘一法师，总是赞叹不已："在他心目中，凡这个世界上的东西，都是宝，都需要珍惜。小旅店、大统舱、破席子、旧毛巾，白菜也好，萝卜也好，走路也好，木屐也好，他都觉得好得不得了。人家说，这太苦了，他却说这是一种享受，真正的享乐！"

世间事物，只要存在便有它的用处。我们觉得一样东西不好，并不是那样东西本身没有价值，而是我们无法发现它的价值。一般人眼中，咸味重的菜是不好吃的，但弘一法师却能发现咸的味道，这便是懂得万物的好了。

一样东西值不值得拥有，在于它是否能够给人提供价值，而不在于它本身有多华贵。绸缎是上好的布料，可是用来当毛巾擦脸，显然不如普通的麻布。我们要追求的就是这种合适，这才是最好的。

不要因为别人有，所以我们也要有，更不要为了让别人羡慕而去追求一些华而不实的东西。人生缺什么、我们要什么，只有自己最清楚，捡那些我们需要的去追求，才能真正快乐。

泥中莲花

在古代的日本，耕田的农民被视为贱民，是最底层的民众，没有任何权利，连出家当和尚的资格都没有。无三禅师便是贱民出身，但是他一心皈依佛门，于是便假冒士族之姓，达成了自己的心愿。

当了和尚之后，无三禅师很认真，也很努力，并一点点领悟了佛法的真要。最后，无三禅师被众人拥戴为住持。

举行就任仪式的那天，来了很多人，就在仪式进行当中。有个人突然从大殿中跳出来，指着法坛上的无三，大声嘲弄道:“出身贱民的和尚也能当住持吗？佛法难道可以被这种人如此嘲弄吗？”

就任仪式庄严隆重，谁也没有想到会发生这样的事情，众僧都被眼前发生的事弄得不知所措。在这种情况下，谁都不能来阻止这个人说话，有想要阻止的也不知该如何回答。大家只好屏息噤声，注视着事态的发展。

仪式被迫中断，场上静得连一根针掉在地上都能听见，众人都为无三禅师捏了一把汗，不知道他能不能过得了这道难关。

面对突如其来的发难，无三禅师面朝那个人的方向，从容地笑着回答："泥中莲花。"

如此佛禅妙语！在场的人全都喝彩叫好，那个刁难的人也无言以对，不得不佩服无三和尚的深湛佛法。

人们常说英雄不问出处，佛法也是不管来处的。佛陀发大誓愿，要普度众生，那众生中是连强盗、杀人者都包括的，何况仅仅是一个地位低下的农民。因此，一个真正懂得佛法的人，自然不会说出"贱民"没资格当住持的话来。事实上，"贱民"不仅可以当住持，即便成佛又有何不可呢？

人从来都没有贵贱等级之分，有等级之分的是人心。人心不正者，才愿意将人分成三六九等。在人心正的人那里，所有人都是一样的。即使有区分也是你、我、他这种相貌之别，是用来辨认用的，而不是高低贵贱这种等级的分别。

真正有德行的人，身处低谷也不觉得自己低人一等，身处辉煌也不会觉得高人一等。同样，他们也不会将乞丐看成是下等人，也不会觉得皇帝就高出自己许多。

不要让自己的心被世俗所迷惑，从而做出些给人分高低贵贱的事情来。那样是玷污了自己的心。

开垦心中的荒田

南山脚下有一座寺庙。庙前有一块搁置已久的荒地，年复一年，地就那么荒着，甚至连野草也不长。寺中僧人早已经习惯了这块荒地的存在，每每经过，从来都不曾转头看上一眼。

一日，庙中来了一位双目失明的和尚，一次偶然中，他听到身边的僧众谈论到了这块荒地，于是就放在了心上。失明和尚找人领着自己，确认了那块荒地的位置和大小。然后，他便开始拎着锄头摸索着在荒地上忙碌，不断翻地、浇水、播种、施肥。日复一日，年复一年，参禅念佛之余，和尚总是会出现在荒地上，在其他僧人的嘲笑声中，他播下的种子竟然奇迹般地发芽了。

其他人都非常诧异，不知道为何失明和尚播下的种子居然发了芽。

后来，花苗的嫩芽抽枝长叶，一夜春风过后，荒地上开出了美丽的花朵，芳香四溢。寺中僧众们清晨走出庙门，看到那满地的花朵，瞬间惊呆了。

几十年后，这位双目失明的和尚成了受人敬仰的一代禅师——心明法师。

僧众们诧异于那荒地为什么能长出苗来。他们不知道，不是失明和尚的耕种技巧更加高超，而是以前从来没有人种过。众人将那没开垦的良田当成是不长庄稼的荒地了。这不是地的错，而是人们的错。

我们每个人的心中，也都有一块这样的荒地。我们总觉得那是一块什么都不长的地，因此从不去打理它们。却不知，它之所以不长东西，不是因为不够肥沃，而是我们从来没有撒过种子。

不要放弃内心中的每一个角落，要细心经营，发现它、照顾它。等到真正将心中荒地开垦出来之后，你就会发现，其实你拥有任何人都无法匹敌的财富。

不要心生懈怠，认为自己天生不如人。人之所以不得志，不是因为天生愚笨，而是心中有太多的良田没有开垦。

看清全局

有一个小和尚，非常勤劳，且无论是参禅还是清扫寺院，都力求完美。一天晚上，禅师看见小和尚还在擦地板，便忍不住问："其他人都去休息了，你怎么还在这里干活呢？"

小和尚见是师父，于是扔下抹布，双手合十，恭恭敬敬地说："师父，我觉得地板还不够干净，我要让它一尘不染。"

禅师用手拂拭了一下地板，不带上一点尘灰，于是说："已经很干净了。"

"不，师父！"小和尚说道，"还不够，这块地板我从早上就开始擦，可其间不知从外面飘来多少灰尘，师兄师弟们你来我往，又将地板踏上了不少灰尘，就在刚刚说话的时候，不知道又有多少灰尘沾在这地板上，所以我还要继续擦。"

禅师问道："除了擦地板，你还做了什么？"

小和尚说："什么都没做，我一直在认真地擦地板，我想让它一尘不染。"

小和尚以为师父会夸自己认真，可没想到禅师拿起手中的佛珠在他头上重重敲了三下："你这一天为了擦地板错过了多少事情？像你这样，即使将地板擦得明亮如镜又有什么意义呢？"

小和尚顿时有所契悟。

要认真，但也要有个限度，认真到将事情做好就足够了，如果过分追求认真，反而会适得其反。

凡事都讲究一个全局观。认真带来的是品质，有一分认真便有一分品质这是不错的。可在讲究品质的同时，还要有效率。单一追求品质而忽视了效率，一样无法把事情做成。同样，单一追求效率，而不顾及品质，做出来的事情同样是不能让人满意的。所以，不管做什么，合理分配，不将所有精力都浪费在同一个环节上是最重要的。

莫要顾此失彼，只追求一端，那样反而会坏了事。

见云知雨

佛陀在罗阅只国的竹林精舍时，有一天受居士的请求，带领弟子去城中开释说法。结束后返回的途中，遇见一人赶着牛群回城。群牛个个肥壮，一路上嬉戏追逐，不时还以牛角互相抵触。佛陀见此情景，有感而发，说了一首偈子：

譬人操杖，行牧食牛；

老死犹然，亦养命去；

千百非一，族性男女；

贮聚财产，无不衰丧；

生者日夜，命自攻削；

寿之消尽，如荧穿水。

回到精舍后，阿难稽首请示："世尊，您在回途中所说的偈语，弟子未能完全明了其中的义理，还请世尊慈悲开释！"

佛陀告诉阿难："回来的路上，你可见到那位牧牛人赶着牛回城？"

阿难回答："是的。"

佛陀接着说："这群牛的主人是个屠户，原本养了上千头牛，为了让牛健壮肥美，屠户雇人天天将牛群赶到牧草丰美的地方吃草，之后挑选最肥壮的牛，宰杀卖钱。就这样一天一天过去了，这群牛已经被宰杀超过半数，然而，这群糊涂的生灵却浑然不知，依旧每天开心地吃草玩乐，与同伴争斗。我因为感伤它们的无智，所以才会说此偈语。"

接着，佛陀又对众弟子开释："不仅牛如此，世人也是一样，不晓得无常的道理，执着地认为有一个实有不变的‘我’存在，每天只知贪图五欲之乐，更是会为了永不满足的欲望而伤害彼此。当无常来临之际，世人无力超脱，只能掉入轮回的深渊，生生世世无法出离。这与牛有何差别呢？”

凡事未雨绸缪，才不会临阵遇乱而不知所措。因为早有准备。我们都希望事事平淡，能如我们所愿，按照我们所想去进行。但世间不如意者常十之八九，很多事情不但不会按照我们所想的去发展，反而会朝着相反方向行进。这时候，就需要有一些应对突发情况的能力了，而这份能力，更多的时候来自于日常的储备。

智慧者，见云知雨，之后拿伞出门。愚钝者，见云则喜，只顾看那千百变化的云朵，不知雨之将至，最后只能被淋得浑身尽湿。

万事有准备，便不会到无一法可施的地步。人最忌讳的就是只看到眼前的快乐，而看不到远处的危机。

莫强求

炎炎夏日，骄阳似火，已经有好久没有下雨了，禅院草地上的草死的死，枯的枯，俨然一片荒漠。

小和尚焦急地对师父提议：“这块地好难看啊！我们赶快撒点草种吧！”

师父摆摆手：“现在不行，等天气凉爽了才可以。”

中秋节过后，天气凉了下来。一天，师父拿了一包草籽，交给了小和尚，让他去播种。一阵秋风吹过，草种边撒边四处飘散。

小和尚惊慌地喊：“不好了！好多种子都被风吹走了，好可惜呀。”

“没关系，吹走的种子多半是空的，撒下去也发不了芽。”师父安慰弟子说，“随性！”

这时，有几只小鸟儿趁无人注意，飞来啄食草种。

“要命！种子都被鸟吃了！”小和尚发现了，急得直跺脚。

“没关系！种子多得很，它们吃不完！”师父不以为意地说，“随遇！”

半夜时分突然下起了暴雨。一大早，小和尚就冲进禅房朝师父嚷嚷：“师父！这下全完了！好多草种都被雨水冲走了！”

师父微微一笑，说：“种子被冲到哪儿，就会在哪儿发芽，随缘！”

一个星期过去了，原本光秃秃的地面，冒出了许多青翠的草苗；一些原本没有播种的角落，墙角、门槛，也泛出了绿意。

小和尚高兴得直拍手，叫道：“师父说得真对啊！”师父点头道：“随喜！”

遇事强求是很多人的做法，他们一旦发现如果事情没有按照自己所想的方向发展，便会情绪波动，激动得不行。其实大可不必，不妨试试“随他去吧”的态度，或许会有另一番境界。

人所要的，和现实所给的总是会有差别的，这部分差别是事实存在的，是我们所不能改变的。与其因为这差别而让自己陷入困扰，不如随它去，当时间过后，你会发现，结果未必就是你所想象的那么糟，也许常会有惊喜给我们。

我们要做的，是付出全部的努力，把事情做好就可以了。至于结果或者事情朝哪个方向发展，那是我们所不能控制的，这部分，就由他去吧。真正的幸福不是达成所有愿望，而是不留遗憾。想要不留遗憾，付出全力做好就可以了。

有心才有气质

佛陀于菩提树下得道证果后，于罗阅只国弘法教化，后来又前往舍卫国度化众生，深得波斯王与百官的敬仰。

当时，舍卫国内有位大商主，名叫波利，他带领五百位商人出海贸易，船只航行于大海上时，海神突然现身于众人之前。波利向海神讲授佛法，得到了海神馈赠的一副香璎。

回到舍卫国后，波利想这么稀有珍贵的香璎，绝不是自己这种平民百姓所适合佩戴的，于是把这宝物献给了波斯王。国王非常欢喜，马上派人去请诸位夫人出来，并且言明要把香璎赏赐给其中最美丽的一位。

消息发布后，宫中的众多夫人无不竭力将自己装扮得美艳动人，以期能够获得香璎，唯独末利夫人没有来。国王询问侍者，侍者回答："今天是十五日，夫人正在持守八关斋戒，因为身着素服，没有装扮，所以没有来。"

国王听了很不高兴，派侍者转告末利夫人："难道你因为持斋受戒，就可违抗王命不出来吗？"

传达了三次之后，末利夫人终于出现于众人之前，质朴的衣着上未添任何装饰，素净的面容上没有一丝脂粉，全身散发着耀眼的光彩，比平常更显庄严。国王见了非常惊讶，心存敬意地问道："是什么样的修为，让你看起来如此与众不同？"

夫人回答："我想到自己累劫以来少修福德，今世得为女人，情深业重，秽垢堆积如山。况且，人生短促，若不精勤修行，稍有不慎，便会堕入三途恶道。所以至诚发心每月持守斋戒，割舍种种贪爱，遵从佛陀教法，希望能蒙受法益，增长福德。"

国王看到修行使夫人变得如此美丽，深感佛法的力量广大，便决定将香璎送给末利夫人。夫人拒绝了，并提议将香璎敬献给众人。

有这真心在，素颜的末利夫人可以美过其他所有的梳妆打扮者。因夫人的美是由内而外的，是来自内在涵养、气质的美。其他人的美不过是故意装扮出来的，即使有佳美的容颜，没有相应的气质，一样不能超凡脱俗。

心，便是气质的来源。一个人心地善良，便会有忠厚的气质；一个人心胸宽广，便会有儒雅的气质；一个人心藏高贵，便会有华美的气质。相反，如果心中有恶念，便会有煞人的气质；太过于计较，便会有狭小的气质；心藏卑贱，则会有猥琐的气质。

想要有好的气质，让更多人喜欢自己，先要从内心开始，培养善心、宽广之心、高贵之心，自然便拥有了傲人的气质。

给人机会

一大早，寺院门口吵闹不休，原来，是一个屠夫想要进寺烧香拜佛，但是守寺的僧人嫌他业障深重，不肯让他进殿，于是双方就发生了争执。玄素禅师闻声赶来，看到这个情景，立刻喝止了众僧人。

他问道："为何事在这里吵闹？"

守寺僧说："这个屠夫每天杀猪宰牛，双手沾满了血腥与罪孽，现在要来进香拜佛，我觉得他业障太重，会破坏佛门的清净，因此不准他入内。但他偏不听话，硬要闯入。"

围观的香客也附和道："每天晚上，他家里就会传来猪狗牛羊的哀叫声，听得人心烦，让人无法入睡，像他这样的人怎么可以到这里来呢？岂不是污了佛门的清净？"

玄素禅师说："你们这样说就不对了，他身为屠夫，为了生计而被迫屠杀生灵，定然会心生不安，因此，有很多罪需要忏悔。佛门为十方善人而开，也为度化十方恶人而开。"

众人哑然不知所对，不过内心依然有所怀疑。

屠夫却满心感激，来到禅师面前说：“方丈慈悲，我自知杀孽太重，内心也常常不安。今天来，是想请方丈和各位法师到我家中去，我准备在家里办斋供养各位，以安慰我不安的心。届时，我们全家斋戒沐浴三日，以示诚心，恳请各位光临寒舍，助我完成这个心愿，帮我消除往日的业障。”

众人听了他的话，都摇头不止，觉得这屠夫业障过重，不配受这份礼遇。玄素禅师却微笑说道：“在佛面前，人人平等，每个人都有同样的机会，只要与佛有缘，就可度他，佛门慈悲，不会舍弃任何人。若作恶者不能入佛门、受净化，岂不是依然要在世间为恶？那样受害的不正是你们这些人吗？”

此时，众香客及守寺僧方始恍然大悟。

善良的人是我们所喜欢的，邪恶的人是我们所讨厌的。不过，更多的时候，没有哪个人是绝对善良的，也没有哪个人是绝对邪恶的。更多的是，有些人做好事相对多些，有些人做坏事相对多些。我们要努力的方向就是让做好事多的人去做更多的好事，让做坏事多的人开始尝试着做好事。

让那些做坏事稍多的人做好事，最好的方式就是给他们做好事的机会。如果因为这个人做了些许坏事，就不让他做好事了，那岂不是逼迫他做更多的坏事吗？到时候，受伤害的还是我们。

不管什么样的人，都要给他们向善的机会，不要用恶的标签去限制他们。要懂得，拒绝恶人做好事，就是在鼓励恶人做坏事。

人溺己溺

相传释迦牟尼佛的前一世是一位修行者。他日夜不断，诚心诚意，锲而不舍，勇猛精进地修行菩萨道，没想到竟然惊动了天界。天帝为了测试他的诚心，便令自己的侍者化成一只鸽子，自己则变成一只鹰，在鸽子后面穷追不舍，看看修行者会如何应对这场景。

修行者看到鸽子危险至极，便挺身而出，把鸽子放在怀里保护着。老鹰吃不到鸽子，很是不满，便责问修行者说："我已经好几天没吃东西了，再得不到食物就会饿死。修行人不是以平等视众生吗？如果你现在救了它，就等于是害了我！"

修行者道："你说的也有道理，为了不伤害于人，我们取个折中的办法吧，鸽子身上的肉有多重，你就在我身上叼多重的肉吃吧！这样你不会死，它也不会死了。"

天帝使用法力让放在天平上的修行者的肉总是比鸽子轻。修行者于是忍痛不断割下自己的肉，可直到修行者割光全身的肉，两边重量还是无法相等。修行者只好舍身爬上天平以求均等。

天帝看到修行者的行为，便与侍者变回了原形。天帝问修行者："当你发现自己的肉已割尽，重量还是不相等，你是否有丝毫的悔意或怨恨之心呢？"

修行者答道："行菩萨道者应有难行难修、人溺己溺的精神，为了救度众生的疾苦，即使牺牲生命也在所不惜，怎会有后悔怨恨之心呢？"

天帝被他的慈悲心及无畏的精神所感动，便使用法力，使他恢复原来的健康，减免了他的痛苦。

所谓"人溺己溺"，说的是要体验别人的痛苦，将别人的事情当作自己的事情。看到别人落水了，就像自己落水一样，感受那份痛苦，为他们焦急、想办法。这是将心比心的更高阶形式。

一个懂得体验别人处境的人，必然是一个受欢迎的人。这样的人会替别人着想、会在意别人的情绪，别人自然也会从他的角度考虑问题，在意他的感受，从而让他获得更多的朋友。

所谓"送人玫瑰，手留余香"，帮助别人总不会错的。

将钱看得淡些

一天，一对很要好的朋友在树林里散步，突然有个和尚慌忙地从丛林中跑出来，两人拦住那和尚，问："什么事让你这么慌张？"

和尚说："太可怕了，我在树林里挖到了一堆金子！"

两个人心里想："这和尚真是个呆瓜！挖到金子这么好的事情居然觉得害怕！"于是他们问："你在哪里挖到的？能告诉我们吗？"

和尚很奇怪，问："这么厉害的东西，你们不怕吗？它会吃人的！"

那两个人不以为然地说："我们不怕，你告诉我们金子在哪儿吧！"

和尚用手指了指，说："就在森林最东边的那棵树下面。"

他们立刻找到那个地方，果然发现了很多金子。

一个人对另一个人说："那和尚真是愚蠢，人人渴望的金子在他眼里却成了吃人的东西，活该他一辈子挨家挨户讨饭化缘。"

另一个人也点头称是。

于是他们开始讨论怎么处置这些金子，其中一个说："白天拿回去不太安全，还是晚上再拿回去吧。我在这儿看着，你去弄些饭菜，我们等到天黑再把金子拿回去。"另一个人同意了。

寻食物的人走后，留下的那个想："如果这些金子都归我一个人多好呀，何必两个人分呢？不如等他回来，用棍子打死他，那样金子就都属于我了。"

找食物的那个也在想，要是能独占这些金子该多好呀，于是就在饭菜里下了毒，想要毒死他的朋友。

找食物者刚回到金子处，他的朋友就用木棍将他打死了，然后说道："兄弟，我本不想杀你，可为了金子，我只能这么做了。"

然后，他便拿起朋友送来的饭菜，狼吞虎咽地吃了起来。没过多久，他就觉得肚子里如火烧一样，他知道自己中毒了，临死前他无限感叹地说："和尚说的话真是一点都不假呀！原来我才是真正的傻瓜！"

金钱能给人带来快乐，也会给人带来灾难。尤其是突然而来的大笔金钱，更是会让人迷失自我、不知所措。因此，很多人视金钱为祸害，其实错不在钱，而在那无法正确看待钱财的人。

不是钱改变了我们本性，而是它唤醒了人性中恶的那一部分。同样的一堆金子，和尚看了之后没有受到太多影响，而那对朋友却相继丧命。不是钱对和尚更好，而是和尚相对将钱看得更淡。

想要摆脱钱的控制，就要将钱看得淡一些，只有将钱看得淡了，才能成为钱的主人，如果太过执念于金钱，那么只能成为钱的奴隶。

不自弃

繁华的寺院里有一个阴暗潮湿的角落，那里没有充足的阳光，也不够开阔，还堆满了垃圾，每个人都不愿意到那里去，也没有花草愿意长在那里，只有几棵不能食用的花蘑菇，孤零零地站在那里。

一个小和尚路过此处，觉得这个角落虽然阴暗，但水分充足，且土壤肥沃，这么荒芜着有些可惜，便想将它利用起来。小和尚找来扫帚，清扫了垃圾，然后又在土地上插了很多树枝。

小和尚做这些的时候，很多师兄弟都跑来看热闹，纷纷问道："你这是在干什么啊？"

小和尚说："种花。"

师兄弟们都劝他："这个地方阳光也不充足，又这么潮湿，能养什么花啊？还是算了吧，种上花也活不了的。"

小和尚笑了笑，没有回答，依旧每天来施肥捉虫。

很多天过去了，那个角落依旧被人遗忘。突然有一天，大家发现寺院里多了很多蜜蜂与蝴蝶，人们很好奇，不知道它们为什么来到寺中，便跟着蜜蜂和蝴蝶去探个究竟。

跟到小角落的时候，大家都明白了，原来，这里开着灿烂的山茶花！

一个阴暗潮湿的角落，人人都以为它是不可用的。可是如果种上喜湿耐寒的山茶花，便可以收获一份美丽。由此可见，不是那角落真正无用，而是人们没有发现其用处的一双慧眼。

每个人来到世上，都是有自己的一份用处的。觉得自己太过渺小，没有什么用处，不是自己不行，而是还没有发现合适的方法，还没有找到能够让自己发光发热的地方。

人生一世，不宜妄自菲薄，将自己看得太轻了，那么自己就真轻了。因为如果自己都放弃了自己，那么还有谁会在乎我们呢？

不要妄自菲薄，也不要妄自尊大。觉得别人不如自己，因此看轻那人，也是不妥的。他们如今没有发光，并不代表其没有发光的能力，也只是还没有找到合适的机会罢了。若把暂时还没找正位置的人，看成是无用之人，不仅错过了可用的人才，更是降低了自己的格调。

这世上没有真正的垃圾，只有还没找到合适用处的财宝。

学会包容

石头问："为什么以前我爱着一个女孩时，她在我眼中是最美丽的，可现在我爱着一个女孩，却常常觉得其他女孩更加漂亮呢？"

佛问："你敢肯定你是真的爱她，在这世界上你是爱她最深的人吗？"

石头毫不犹豫地说："当然！"

佛说："那要恭喜你了！你对她的爱是成熟、理智、真诚而深切的。"

石头有些惊讶："哦？"

佛继续说："她本就不是这世间最美的，甚至在你那么爱她的时候你都清楚地知道这个事实，但你还是深爱着她，那么说明你爱的不仅仅是她的外表。韶华易逝，红颜易老，再漂亮的人都有老去的一天。但你对她的爱已经超越了这些表面的东西，也就超越了岁月。"

石头忍不住说："是的。我的确爱她的清纯善良，疼惜她的孩子气。可是，为什么后来在一起的时候，两人反倒没有了以前的那些激情，更多的是一种互相依赖呢？"

佛说："那是因为在你的心里，已经潜移默化地将爱情转变为了亲情……"

石头摸了摸脑袋："亲情？"

佛继续说："爱情到了一定程度后，便会变成亲情。这时，你会将她看作你生命中的一部分，这样你就多了一些宽容和谅解。只有亲情才是你诞生伊始上天就安排好的。你后来做的，只能是去适应你的亲情。无论你的出身多么高贵，你都会不讲任何条件地接受她并且对她负责、对她好。"

石头想了想，点头说道："确是这样的。"

佛笑了笑："爱是由互相欣赏开始的，因为心动而相恋，因为互相离不开而结婚，但更重要的一点是需要宽容、谅解、习惯和适应才会携手一生的。"

认识一个人需要缘分，了解一个人需要智慧，而了解以后和睦相处，就要靠包容了。只有能够包容彼此的缺点，才能让两个人患难与共，永不分离。

很多人寻找朋友和伴侣的时候，都是带有理想化的倾向的。要找没有缺点、完全符合自己预期的，那样的人或许有，但未必就能够让你碰到。

即使碰到了，也未必就能喜欢你。那样的情分，更多的时候只是出现在幻想当中。

现实中的朋友、爱人必然是有缺点的。真正具有智慧的人，便是包容他们的缺点，用自己的大度与之和睦相处。这样才能让我们的人生更加靓丽。

要知道，幸福不是幻想来的，而是靠努力得来的。让自己变得大度、宽容，便是最好的努力方向。

不限人生

学僧道岫眼看同参中不少人对禅都有所体会，而自己始终不能入门，不禁开始怀疑自己的能力了。最后，他觉得自己既不幽默，又不灵巧，实在没有资格学禅，便决定做个行脚的苦行僧。临走时道岫到法堂去向广圄禅师辞行。

道岫禀告禅师说：“老师！学僧在您座下参学已有十年之久，对禅仍半点领悟都没有，实在辜负您的教诲。看来我不是学禅的材料，今天特向您老辞行，云游他乡。”

广圄禅师非常惊讶，问道：“为什么没有觉悟就要走呢？难道去别的地方就可以觉悟吗？”

道岫诚恳地说：“同参的道友一个个都已回归根源，而我每天除了吃饭、睡觉之外，都在参禅修持，但就是不得缘法。现在，在我的内心深处已生出一股倦怠感，我想我还是做个云游的苦行僧吧！”

广圄禅师听后开释道：“悟，是一种内在本性的流露，根本无法形容，也无法传达给别人，更是学不来也急不得的。别人有别人的境界，你自修你的禅道，这是两回事，不可混为一谈。”

道岫说：“老师！您不知道，我跟同参们一比，立刻就有类似小麻雀看见大鹏鸟时那样的羞愧之情。”

广圄禅师饶有兴趣地问道：“哦？那么你说怎么样的算大？怎么样的算小？”

道岫答道：“大鹏鸟一展翅能飞越几百里，而我只能囿于草地上的方圆几丈而已。”

广圄禅师意味深长地问道：“大鹏鸟一展翅能飞几百里，那它飞越生死了吗？”

道岫禅僧听后默默不语，若有所悟。

大鹏一飞百里，依然飞不出生死，跟困于一囿的麻雀又有何分别呢？我们之所以觉得有些人更加厉害，不是那人真的已经超然解脱了，不过是由于自卑心理在作祟罢了。其实，一个指挥万马的将军，跟一个冲锋陷阵的士兵是一样的，不过是国王手下的一个臣子罢了。

但是，看不到这同一性的士兵则只能当一辈子士兵，看到这同一性的士兵，总有一天会因为自己的大格局而成长为将军。

不要限制自己的心，心限制住了，格局就限制住了，格局限制住了，人生也就限制住了。我们能有多大的成就，不是取决于今天处在什么位置，也不决定于今天有多强大的能力，而是取决于自己的心。心足够大，舞台便足够大。

学会选择

佛陀座下有一位名叫弥酰的弟子，在一次化缘归来的路上，他路过一个美丽繁华的小镇，当时就被眼前的景象所迷住了。弥酰当下起了一个念头："如果能在这里静心参禅打坐，那么我的禅定功课一定能有很大的提高。"于是他便去请求佛陀允许他独自在那小镇里打坐参禅。

佛陀非常了解这个弟子。他知道弥酰的心性还不稳定，所以在小镇上修行一定不会有进步，他不过是一时头脑发热，被眼前的繁华所迷住罢了。不过佛陀也明白，虽然去小镇对弥酰的修行没有多大帮助，但如果不准许的话，会更糟。于是他就想用事实给他讲一次法，因此便同意了弥酰的请求。

弥酰很快找到了中意的修行之地。那是一处富裕人家的屋边，他在那里打坐，奇怪的是，坐了大半天，心中的意念却纷飞不断，始终不能入定。他常常会睁开眼睛看来来往往的人群，也会不由自主地看一眼对面店铺的生意如何，后来他慢慢地意识到，这样的禅修对他来说，是一点用处都没有的。

傍晚，弥酰离开了那个繁华的小镇，悄悄回到佛陀及弟子们所安住的精舍，回来后他向佛陀禀告了他在小镇禅坐时，受到的种种烦恼与困扰。佛陀看到弥酰已有悔意，便开释他说："世间的人易浮躁，贪念易由心生，很大一部分原因是受困于外部环境，人们在繁华中很容易迷失自己，找不到回家的路。我们禅坐修行，还是要找寻适合自己的方法来调伏心念，而不是一味地追逐舒适安稳的地方啊！"

弥酰听到后，当下就感觉很惭愧，他用心想了想佛陀的教诲，不久后便证得了初果。

凡事有一利，便会有一弊。繁华的小镇有美丽的风景，却也容易让人难以寻找到安宁。此时，便要取舍了。而那取舍的标准，便是是否符合自己的所要。

如果是想生活便利，便去那小镇；如果想要安宁与僻静，便要离开那小镇。这世上从没有完全如我们所愿的东西，只有符合我们需要的东西。很多时候，我们所中意的，未必就能够给我们带来多少好处，而往往是那些我们所看不上、觉得无关紧要的，才能真正帮助我们。

不管是选择人生，还是选择道路，都要选择那最为合适的，不要选择那看上去最为美丽的。

尊重自我

以前，有个十分有钱的富翁，他富甲一方却并不快乐，因为他得不到其他人的尊重，为此，富翁感觉苦恼不已，他每天都在想自己如何才能得到众人的尊重与敬仰。

有一天，富翁在街上散步，看到街边有一个衣衫褴褛的乞丐。他心想自己获得别人尊重的机会来了，于是他便往乞丐的破碗中丢下一枚亮晶晶的金币。他想，给了乞丐这么多钱，那乞丐一定会对自己感激涕零了。谁知那乞丐竟然头也没抬，仍是忙着捉身上的虱子。见此情景，富翁不由气上心头，大声说道："你眼睛瞎了吗？没看到我给你的是金币吗？"

乞丐听到后仍是不看他一眼，答道："给不给钱是你的事，你要是不高兴拿回去就好了，又没有人逼你，何必跑我这里乱嚷呢？打扰我休息。"

富翁大怒，开始意气用事起来，他又从口袋里翻出钱来，丢了十个金币在乞丐的碗中。他心想乞丐这次一定会趴着向自己道谢了，毕竟自己给了他几年的饭钱，他甚至从今以后都不用再行乞了。不料乞丐看了金币一眼后对富翁仍是不理不睬。

富翁看到乞丐这个样子，气得几乎要跳起来："你看清楚，我给你的可是十个金币。你要明白，我是有钱人，你应该尊重我，难道你连道个谢都不会吗？那你还当什么乞丐。”

乞丐懒洋洋地回答：“有钱是你的事，尊不尊重你是我的事，这是强求不来的。”

富翁急了，连忙说：“那么，我将我的财产的一半送给你，能不能请你尊重我呢？”

乞丐翻着一双白眼看他：“给我一半财产，那我不是和你一样有钱了吗？为什么要我尊重你，那时你要尊重我才对。”

富翁更急起来道：“好，那我将所有的财产都给你，这下你可愿意尊重我了？”

乞丐听后不禁哈哈大笑：“那时我是富翁你是乞丐，我为什么要尊重你呢？我会像你现在所做的一样，往你的碗里扔一个金币，然后高傲地对你说，‘喏，尊重我一下！’”

富翁一时语塞，继而有所悟。

尊重从来都是相互的，我们给别人尊重，别人才会给我们尊重。不过很多人却觉得，只需要有钱、有权就可以获得尊重了，不需要尊重别人。这是不对的。

有谚语说，那些赞美富户的人，其实赞美的是钱。确实，一个人如果仅仅因为富有而被人赞颂，那么那些赞颂其实是跟他无关的。人们真正赞颂的，其实是钱。

尊重和赞美又有一些差别，赞美是用美好的语言进行评价，而尊重则是发自内心的。一个仅仅有钱的人，想要靠钱来获得发自内心的尊重，显然不现实。

尊重对应的是品格和德行，如果这两方面做好了，自然是一个受尊重的人。若这些做不好，而仅仅想要靠外在赢得尊重，自然是难以如愿的。

婆子烧庵

从前，有一个老婆婆信仰佛教，她不仅每天虔诚礼拜，还一直供养一个住茅棚的出家人很多年。那个出家人每天都参禅打坐，很少外出。老婆婆每天都会派一个女孩子给他送饭，自己没事的时候还会和这个出家人一起谈佛论道，就这样一直过了二十年。

有一天，老婆婆想检查一下这个出家人修行的境界，看他是不是真的已经有所成就了。于是她派了个年轻漂亮的女孩子去试探那出家人，老婆婆叮嘱女孩子，叫她在送饭的时候，突然抱住出家人，问他感受如何。

女孩子听了老婆婆的话就去照做了。当她抱完后问出家人感受怎么样时，出家人面无表情地回答说："枯木倚寒岩，三冬无暖气。"意思是说自己被抱住的时候就像干枯的树枝靠在冰冷的石头上，或严冬里没有热气的东西一样，毫无感觉。女孩将出家人的话告知老婆婆，老婆婆就把这个出家人赶走了，并一把火烧了茅棚，然后说："我竟把一个俗人，供养了二十年，实在可笑。"

那出家人被赶走以后，便遍参明师，苦究本来，如此过了三年，他又回到老婆婆那里，老婆婆接待了他后，还用相同的方法来考验他。这次，当女孩子抱住他的时候，他对这个女孩子说："天知地知，你知我知。"这回答终于得到了肯定，老婆婆从此对他更加礼敬了。

这就是有名的"婆子烧庵"的公案。

一般人不明白这个公案的意思，会觉得这老婆婆无事找事，还会认为她对僧人的看法不对，其实不然。

佛家有三境，第一是看山是山、看水是水，第二是看山不是山、看水不是水，第三是看山还是山、看水还是水。

所谓的第一境便是只认得事物的面貌，没有达到本质。第二境则是了解只看面貌是境界低的表现，于是拼命想要从面貌中看出些什么来，便东扯西扯，说些无用的话，以显示高深。第三境则是看透了事物的本质，此时圆融无碍，自然得道高升了。

那和尚开始的时候只在第二境界。他心中有欲望，却知道自己不能表达欲望，因此做出一副无欲望样子，故意说自己不为色情所动，以此来表示自己的道行高深。

等到他真正地悟道了，才敢大声说出自己的感受，也才得到了老婆婆的认可。

面对美女起些心思是人之常情，丝毫没有心思才是不对的。对于这点大方承认就好了，主动承认并不是犯了色戒，做出不轨的行为才是犯了色戒。而有心又装作无心，恰恰是犯了诳戒。这正是修行不到的人所面临的困境。

内心的感觉，大声说出来便好，不要去隐藏，那样不仅显得虚伪，也会造成内心的苦闷。一个人做了坏事，才能算是坏人。偶尔因为情绪的波动而产生一些不好的想法，并不是坏人。面对这内心偶尔的阴暗，直说便好，隐藏反而变得虚伪了。

寻找内在的财富

从前有位居士，经常去佛寺参访。有一次参访的途中，居士内心突发奇想：我总这么花力气去寺庙，实在是辛苦，为什么自己不建造一座寺庙呢？那样就不用奔波了，也可以用省下来的时间参佛。可冷静下来后，他仔细一想，盖寺建塔需要很多钱，自己哪里去弄呢？便开始寻宝，没多久，他就找到了宝物。可是这时候还有一个问题，建寺需要大量的人工，这些也是无法解决的啊。

最后，他想到了国王，觉得国王一定能解决这个问题，于是，他抱着姑且一试的心情来到了皇宫，参见国王，希望国王能帮他。

国王一边抚摸着居士带来的珍宝，一边高兴地说："你从哪儿得到的这样的宝物呢？"

居士回答："这些珍宝源于我的'三利功德'。"

国王很好奇，问："三利功德是什么？"

居士诚心回答："我曾发愿建一座佛寺，但因为钱财不足而无法如愿，后来我独自入海寻宝，如今平安地归来，这是第一利。入海之后，我顺利地取得了珍宝，而不是和前人一样空手而返，这是第二利。如今，我得宝归来，没有贪念，只求兴立佛寺，这是第三利。不过，我现在有财宝，但是缺人工，依然无法建寺，所以前来向国王求助。"

听了居士这番话，国王不禁无限感慨，说："我也可以称得上拥有'三利功德'：第一，我为一国之尊，有全国人民的爱戴与尊敬；第二，我有丰饶的财宝和兵力，有显赫的实力与威势；第三，国内所有人都听从我的命令，不敢违抗。凭这'三利功德'，我当然要与你一同兴建佛寺。"

没多久，一座庄严、巍峨的佛寺就建起来了。国王看后说："全国上上下下，难道只有你我有福气建佛寺吗？这件事情，应该惠泽到更多人才是。"于是他下令，如果有人愿意捐献，一律接受布施。这让老百姓们都非常高兴，纷纷捐出钱来赞助、随喜。

这时有一个贫穷女孩，也听到了这个消息，她说："我就是过去太吝啬了，从来不愿意随喜布施，所以现在才会这么穷困。"于是她把父母临终前留下的一副手套拿了出来。

国王使者经过女孩的茅屋时，她说道："大人！我非常希望能出一份力量，帮助国王庄严佛寺，可我身无分文，只有双亲留下的手套，希望您能收下它，成全我的随喜之心。"

使者很惊讶："姑娘，你要布施的就是这副破旧的手套吗？"

女孩说："这是我唯一的财富，除此外，再没有其他了。"

使者将此事禀告了国王，国王听后，很受感动，命令使者将女孩接来王宫相见。国王和王后被她的善良、真诚深深感动，便封她为小郡主，希望大家学习她的美好德行。

很多奋斗中的人，都会感叹命运无常，让自己不能得偿所愿，拥有更多的财富。他们不知道，其实人本身的善良和乐善好施的德行便是最好的财富。把握住这些，便可以像那个小女孩一样，获得更好的生活。

不要看轻善良、诚实等的作用，有了它们，便有人信任你，获得了信任，自然就获得了更多的机会。有了机会，还怕没有成就自己的可能吗？

财富不是外在的，而是内在的。拥有了内在的财富可以获得外在的财富，没有内在的财富，外在的财富也总会有用光的一天。

摩尼珠

释迦牟尼佛一天在灵惊山上说法之前，手里拿了一颗随色的摩尼宝珠，问在听经的四大天王说："摩尼宝珠是什么颜色？"

四大天王看了以后，一个说是青的，一个说是黄的，还有一个说是赤的，一个说白的。

佛陀把宝珠收回再摊开手掌问道：

"你们现在看我手中的这颗摩尼宝珠是什么颜色？"

四大天王不解佛陀的意思，不约而同地答道：

"佛陀手中根本就没有东西。既没有摩尼宝珠，哪有什么颜色呢？"

佛陀道："我将一般世俗的珠子给你们看，你们都会分辨它的颜色。我把真正的珍珠呈现在你们面前，你们却视而不见。"

四大天王听了以后，深有所悟。

所谓摩尼宝珠，喻指我们的真心，我们的真如。

世间人营求忙碌，无非希望荣华富贵。其实，财富、名位虚而不实。所谓“富贵如同三更梦，荣华好比九月霜”。

然而，我们眼中所见，依然是那些可视的东西，还是会被财富、地位等迷惑，却忘了一颗真心，一份真正的能力比这些都重要。如果有真正的能力，那么这些财富随手可得。若是没有这份能力，即使有了财富，一样会因为无守财之能而令钱财散尽，最终落得个一无所有。

这份能力，就是我们心中的摩尼宝珠所发出的光辉，拥有了它自然圆融无碍。

外在的财富不过是别人衡量我们“身价”的标签，它能带给我们的仅仅是别人的羡慕，未必是我们自己的所想所要。内心的光辉才是证明我们价值的真正标杆，它能带给我们的才是真正的满足。

外在的标签会变，内心的标杆永恒。不要为了别人的一点点羡慕而去追求自己不喜欢的东西。而是要用寻求外在的精力去发现内心，这样才知道哪些是我们想要的，哪些是我们该要的，哪些是我们曾拥有过的，哪些是我们需要争取的。明白了这些，自然不会费力去追寻别人感兴趣的事，而只需寻找自己真正在意的财富。

佛法非法

青林禅师初参洞山禅师时，洞山禅师问道：“你从什么地方来？”

青林禅师答：“我从武陵地方来。”

洞山再问：“武陵的佛法与我这里的佛法有什么不同？”

青林回答："如在蛮荒的沙石上开着灿烂的鲜花。"

洞山禅师回头吩咐弟子："你们特别做些好的饭菜，供养这位参禅者。"

青林禅师却不领情，反而拂袖而去。

洞山禅师就对大众说道："以后全天下的学僧必然争先恐后地聚集在他的门下。"

青林禅师来辞行时，洞山禅师又问："你准备到哪里去呢？"

青林禅师回答："太阳是不会隐藏起来的，它必定普照大地。"

洞山禅师为他印可，说道："你可多多保重，好自为之。"并送青林禅师走出山门。在分手的时候，洞山禅师突然问说："你能不能用一句话说出你到这里来参学的心情？"

青林禅师不假思索地说道："步步踏红尘，通身无影像。"

洞山禅师听了以后，沉思良久。青林禅师问："老师，您想什么？为什么不讲话呢？"洞山禅师以问代答："我对你说了那么多的话，怎么诬赖我不跟你说话呢？"

青林禅师这时跪下说道："老师，您说的，弟子是没有听到；您没有说的，弟子都听到了。"

洞山禅师扶起青林禅师："你去吧！你可以走到无说无示的地方去了。"

《金刚经》上说："佛说佛法，即非说法。"意思是：说的佛法，有时候与真理相去很远；没有说的，是无说无示，才是真正说法。

佛家常说，禅不立文字。所谓不立文字，一是禅需要领悟，文字无法准确表达禅意；二是文字是固定而又拘泥的，缺少变通。此一刻的禅意用文字记录下来了，但换另一个场景，就未必适用了。这种无法变通的特性，决定了文字往往不能充分地表达禅。

其实，语言也一样。一句话，放在一个环境中，是得体而又温暖的，环境转换之后，可能就变得冰冷而生硬。我们要做的是发现环境的转换，然后做出得体的应对，而不是牢牢记住那一句话，不管环境是否符合都拘泥不化，守着它。

两位禅师是大法力者，能洞察环境变迁，俗世凡尘的人，看他们的谈话自然就觉得如堕五里雾中，摸不到头脑了。其实，也不必拘泥于禅师们的真义所在。他们嘴里说的是那时的禅，展示的才是永久的禅。

不管说话还是做事，随情随境、合情合境才是最最重要的。知晓什么时候做什么事，永远都比做事本身更为重要。

人无贵贱

有一位学僧向洛浦禅师告假辞行，想到其他地方去参学。

洛浦禅师问学僧道："此处四面是山，你要往何处去？"

学僧哑口无言，不知如何回答。

洛浦禅师开释道："如果你在十天之内，能够回答这个问题，那就请便。"

学僧就日夜思索，打坐经行、经行打坐，可是都没有办法明了。

有一天，学僧在菜园里走来走去，苦思应对，正巧遇见担任园头的善静禅师。善静禅师见状，趋前问道："听说你已告假辞行到他处去参学，为什么还每天在这里走来走去？"学僧就将不能回答洛浦禅师问题的经过，详述一遍。

善静禅师听罢说道："我可以教你回答这个问题。但是，你千万不能告诉洛浦禅师是我教你的。"

学僧闻言，恳求善静教示。

善静禅师慢慢地说道：

"竹密不妨流水过，山高岂碍白云飞。"

洛浦禅师听完学僧的回答，问道：“这答案是谁告诉你的？”

学僧就回答：“是我自己的。”

洛浦禅师两眼圆睁说道：“我不相信。”

学僧不敢说谎，只好说是善静禅师教的。当晚，洛浦禅师上堂对大众宣布道：“莫轻园头善静禅师，他日其座下将会有五百人。”

后来善静禅师弘化一方，真有弟子五百多人。

真人不露面，露面非真人。禅宗的丛林里，多少烧火的、挑水的、煮饭的苦行者，都是在工作中参究悟道，但是却无人认识他的真面目。

“工作无尊卑，悟道有深浅。”真正的禅者不在于从事什么，而在于说了什么、做了什么。口里说着无上妙法的火工头陀，一样是佛。吞吞吐吐，词不达意的上座同样是禅的门外汉。

然而，人们却更愿意相信上座的词不达意，而不认识火工头陀的无上妙语。不是佛不度我们，而是我们无法自度。

一个可以自度的人，看人看的是言和行，而不是那人的地位。他们不会因为一个人衣冠楚楚，就觉得那人嘴里的话都是对的；也不会因为一个人衣衫褴褛，就认为那人说什么都是一派胡言。

这样的人，有判断力，有决断力，也有一颗清醒的头脑。靠着这颗头脑，可以自救，也可以自度。

一个只会通过别人外在标签而判定人的人，必然是一个不懂得自度的人。这样的人只会跟着别人刻意营造的氛围走，从而让自己陷落。别人只给他一点点好处，他就认定那人是个大大的良善，从不去看那人之前做过什么。

一颗清醒的头脑，一个自度的心，不仅能让我们生活安宁，一样可以让我们少受欺瞒者的伤害。

莫言征服山

湖南长沙的景岑禅师是南泉禅师普愿的门人弟子，由于他谈禅论道机锋敏捷，为同道们尊称为“虎和尚”。有一年仲秋晚上，景岑禅师与仰山禅师一起赏月。

仰山禅师指着天上的明月道：“这个大家都有，只因无明，不能充分使用。”

景岑禅师不以为然：“既然大家都有，怎么会没有人充分使用？今天机缘会合，大好明月，正等你使用！”

仰山禅师道：“用一用月光倒也有趣。就请景岑法座先来试试。”

景岑禅师毫不客气，奋身跳起踢倒仰山禅师。

仰山禅师非但不生气，反而赞叹道：“真像大虫。”

又有一次，景岑禅师游山归来，行至门口，仰山禅师问道：“何处去来？”

景岑禅师回答：“游山来！”

仰山禅师追问：“游什么山处来？”

景岑禅师道：“始随芳草去，又逐落花回。”

仰山禅师大为赞赏：“大似春意。”

景岑禅师再补充说道：“也胜秋露滴芙渠（荷花）。”

仰山禅师认为：心如同皎月，只是云遮月隐，被无明烦恼，蒙蔽了心灵。

景岑却说：一切在于个人，只要有禅就能云飞月显。

仰山请他利用一下月光，景岑立即将他推倒，意思是：在禅月交辉之下，还要你多言！“真像大虫”意即：禅能静能动，禅力犹如狮虎也。

景岑由外面归来，仰山禅师问他到哪里去，他回答说：“始随芳草去，又逐落花回。”这说明了禅人的来去，要顺于自然，合乎法性，你说是“春意”好，难道“秋心”就不好吗？

我们登的是山，但看的是景。那山是目的，那景是过程。不过很多人都只记着目的，而忘记了过程。更有甚者，登上山后狂放豪言，觉得自己征服了山。山一直在那里，你去之前是那个样子，你走之后还是那个样子，何来征服一说？

促使我们去征服，觉得自己已经征服了的，从来都不是山，也不是我们的志向，而是内心的魔障。那魔障碍住了我们的眼，让我们只看到了结果，而忘记了过程。在征服山的人的眼中，有的不过是出发和到达两个点，那中间都是一片空白。他们永远也不明白，登山的过程中，最美的是路边的野花和香草，那终点只不过证明我们来过，真正让我们有所得的是一路的印记。而这印记，恰恰是人们所经常遗忘的。

人生也需要一个终点，同样也有一个不可逆的终点。那终点是自然存在的，我们无法避免，也没有选择。真正懂得人生的人，要做的是让自己在达到终点的过程中经历更多的野花和香草，而不是埋着头，向那不可逆的方向一步步迈进。

终点一直是这样一个事物，在路上的时候，我们无限向往，但只有到达之后，才发现自己曾经错过了许多。不要让终点蒙蔽我们的眼睛，而是要让过程绽放更多的美丽。

学会找朋友

药山惟严禅师有一天去参访石头希迁禅师，问道：

“我对于三藏十二部的佛学略有所知，但对南方所谓‘直指人心，见性成佛”的道理始终不能了解。恳请老师为我点破。”

石头希迁道：“肯定的不对，否定的也不对；肯定的否定，否定的肯定也不对。恁这时该怎么办？”

药山禅师听了虽有契入，但未接心。

过了一会，石头希迁说道：“你的因缘不在我这里，你还是到江西马祖道一大师那边去吧！”

药山禅师就去江西参拜马祖道一禅师，仍然提出同样的问题。

马祖回答：“我有时叫它扬眉瞬目，有时又不叫它扬眉瞬目；有时扬眉瞬目是它，有时扬眉瞬目又不是它。你怎么去了解它呢？”

药山禅师听罢即刻和马祖心心相印。一句话不说，便向马祖顶礼跪拜。

马祖问道：“你见到什么，为什么要向我礼拜？”

药山禅师回答：“我在石头禅师那里跟他请示禅道，正像蚊子叮铁牛。”

药山禅师在石头希迁那里，只是一些理解。在马祖那里明白禅法以后，融会于心，这是悟道。

蚊子虽然有嗜血尖嘴，但遇到铁牛，一样是无所作为。这就叫选错了对象。石头禅师和马祖道一禅师都是高僧大德，说的也是一样的妙语，但药山禅师在马祖那里得道，而在石头禅师那里仅仅获得一点理解。这也是找错了对象。

人和人之间是有缘分联系的。若是两个人有缘，就能合得来；若是两个人缘分浅薄，便合不来。

有的人在一个环境中，会感觉很压抑，哪怕那环境中都是些老实、实在的好人。可是换了另一个环境，也是一群老实、实在的好人，便如鱼得水，活得快乐无比，这也是缘分在作怪。同样人品的人，跟这个有缘，就能成为好朋友；跟那个没有缘分，则只能做一对路人。药山禅师跟石头禅师没有缘分，因此只能做一对普通道友，而最终在马祖禅师那里得道。

聪明者，就是找到自己的有缘人，同时不强迫与自己无缘的人。有的人是我们所欣赏的，却未必能跟我们合得来。这样的情况，就没有必要强求了，做一对普通朋友也好，没必要将两个人强扭在一起，那样反而生出很多矛盾。

我们所认可的人，跟我们的朋友是有差距的。很多我们认可的，想要结交的，都无法成为朋友，这只是没有缘分罢了。不必为此挂怀。也有很多我们觉得有这样那样毛病的人，跟我们走得很近，这不是对方在纠缠我们，而是两者有缘罢了，也不必因此烦恼。人生一世，随缘最好。

不自欺

云居道膺禅师专程去拜访洞山良价禅师。良价禅师问道："你从什么地方来？"

道膺禅师回答："从翠微禅师那里来！"

"翠微禅师每天都教导你们些什么禅道？"

道膺禅师回答："翠微禅师那里每年正月都祭祀十六罗汉和五百罗汉，而且祭典都非常隆重。我曾请示礼仪祭祀如此隆重，罗汉们会来应供吗？翠微禅师回答我说：'那你每天都吃什么？'我想这句话就是他给我的教言了。"

良价禅师听后惊讶地问道："翠微禅师真的是这样教导你们吗？"

"是的。"

良价禅师非常高兴，不断赞美翠微禅师。

这时，道膺禅师问良价禅师道："老师，请问您每天吃些什么？"

良价禅师不假思索，立刻回答："我终日吃饭，从来没有吃着一粒米。终日喝茶，也从来没有喝到一滴水。"

道膺禅师鼓掌应道："老师，那您每天是真正吃到米，喝到水了。"

孔子曾经说过：“祭神如神在。”神明有没有来应供，那是另外一个问题，重要的是，自己本身已来应供。每天拜佛、念佛，佛在不在那里，知道不知道，都不要紧，重要的，是从此我们的心里有佛了。

凡事不在形式，而在心境。有了那份心，不用时时挂念，一样是对的。没有那份心，但天天去做，也是不对的。撞钟的和尚，如果心不在钟上，连续撞上一万天，也没有丝毫功德。如果一心都在那钟上，哪怕只撞一天，一样会有功德。这就是用心和敷衍的差别。

不过还是会有人在敷衍。他们看着是在礼佛，其实是在敷衍，不过将礼佛当成是一个和尚必须要每天完成的任务罢了。在他们看来，只要将仪式做完，方丈就不会发现问题，佛祖也不会发现问题。但他们不了解，这样做不是在欺骗方丈和佛祖，而是在欺骗自己。

人的时间是有限的，应该拿来真心做事，而不是去浪费。不用心，用浪费的方式去做事，不仅是对手中的工作不负责任，更是对自己的人生不负责任。用完成任务的心去礼佛，永远不会成佛，反而浪费了自己的人生。用敷衍的心去工作，同样也做不好工作，反而耽搁了自己的前程。

人，可以骗任何人，但绝不能欺骗自己。

莫等父母老去

有一位学僧名叫道念，出家数十年，到处参访皆未能开悟。一日，请示石楼禅师道：“未识自己的本性，请禅师方便给我指示。”

石楼禅师回答：“石楼无嘴巴。”

道念再请求：“学生至诚恭请禅师指示，学生洗耳恭听。”

石楼问道：“你听到了什么？”

道念答道："学僧自知罪业深重。"

"老僧的罪过也不少。"

道念反问："禅师的过在什么地方？"

石楼禅师道："我的过在你的不是的地方。"

道念再问："可以忏悔吗？"

石楼禅师说："罪业本空由心造，心若灭时罪亦亡。"

道念随即礼拜，石楼禅师就打了他一下。打过以后，又问："你最近离开何处才到此？"

道念回答："梁、唐、晋、汉、周，到处行脚云游。"

"梁唐晋汉周，这些主人还重佛法吗？"

道念回答："好在禅师问着我，若问别人，恐怕就惹祸了。"

"为什么？"

"因为这些君王不喜欢别人怀疑。"

石楼禅师再问："人尚不见，有何佛法可重？"

"请禅师告诉我，如何来重佛法？"

石楼禅师反问："你受戒已多少年？"

道念回答："二十年。"

石楼禅师道："二十年了还不知重法！现在问我，我的嘴巴怎说得清楚？你的耳朵又怎听得进去？"道念至此真的言下大悟。

"石楼无嘴巴"乃是说禅乃无言，是不可言说的，可是"石楼无嘴巴"本身就是一句话，而且是导人悟禅的一句话。那么，石楼禅师前后所谓岂不是矛盾了？其实不然。

很多道理都是在说与不说之间的，说出来的每个人都懂，但只有自己经历过后才能深刻觉醒。古人说"纸上得来终觉浅，绝知此事要躬行"，也是这个道理。比如孝道，人们常说"树欲静而风不止，子欲养而亲不待"，人人都明白其中的道理，知道应该尽早地给父母以照顾。可是真正做到的并不多，大都是忙于工作，觉得自己的事业未竟，同时父母年纪还不算老，没到自己该去天天侍奉的地步。

可某一天，突然看到父母苍老的面容，才明白过来，原来父母早已经不是当年那两棵为自己遮风挡雨的大树了，而是需要自己去照顾扶持的两个暮年老人。这时候，才知道自己曾经错过多少，失去多少，也才会明白，自己欠了父母多少，从而留下遗憾。

这也是在说与不说之间的，身边总有人在说这个道理，我们也总在听这个道理，但真正能够体会到其中深意的，只有去经历。

说该说的话

在佛陀住世的那个时代，有一天，有一个婆罗门外道，来找佛陀讨论问题。这一位婆罗门问道："我不问可以说得出的东西，也不问不能说的东西，那么，请问佛陀，那东西是什么？"

佛陀听了以后，一个字也不回答，话也不说，只在他的座前坐下。婆罗门看了佛陀的举动，赞叹地说："佛陀大慈大悲，一听我不会的问题，就解开了我的疑云，使我得以开悟。"说完就合掌顶礼告辞而去。

在佛陀身旁的阿难尊者感到非常奇怪，就问佛陀："那外道究竟领悟了什么呢？竟然那么高兴地离去？他所问的问题，佛陀一个字也没有说，一句话也没有回答，他为什么就能了然于心，就能得到开悟？"

佛陀回答阿难尊者说："开悟这一回事，就像世上最好的马；它只要看到骑马的主人鞭影一挥动，就知道要走。"佛陀这样的回答，就是说外道之所以能够那么善于体会，何况我们参禅的人应该举一反三。

在禅门里面，要语默动静之间都能入禅，不问可以说的，不问不能说的，那是什么东西呢？那是诸佛之本源，那是众生之佛性。所以佛陀以一默而晓示。就如佛陀当初在灵山会上“拈花微笑”，和大迦叶所谓以心印心。

佛陀示禅，不把底牌揭开，要让每一个人自己寻找，所谓“世间好语佛说尽”。什么是世间的好语？佛陀一默而已。有时候您千言万语，都是题外话；有时候一句话不说，那一默就是把所有至理都明白地表示出来了。

那到底选择千言万语，还是沉沉一默？随缘即可。任何事，要尽力，但不要强求。尽力者，就是全心全意去做事，拿出最大的诚意、最大的能力，将自己能做的做到极致。不强求就是不要抱有太多幻想，觉得自己做了就一定能成。尽力是我们的本分，能否成功是我们的缘分。不要用自己的本分去苛求缘分。如果一味追求成果，为它吃不香、睡不好，反而适得其反。

言说也是一样。凡事说到即可，不要强迫别人一定认同。很多时候，反而是这不强人所难的说道，更容易达到效果。那些不管什么事情，都要发表一下见解，又觉得自己的见解乃是真理，别人稍有不同意见便起而反驳，喋喋不休者，最是让人厌烦。该说时说，该做时做，说该说的，做该做的，才是人生的真正态度。不要为了强迫别人信任自己就说个没完，也不要内心认定别人不会听就一言不发。话不在多少，在于说到了该说的地方。

欲望吃人

有人问禅师：“世上最可怕的是什么？”

禅师说：“欲望！”

那人不解：“为什么？”

禅师说："听我讲一个故事吧！"

有一个农民想要买一块地，他听说有个地方的人想卖地，便决定到那里去打听一下。到了那个地方，他向人询问："这里的地怎么卖呢？"

当地人说："只要交1000块钱，然后就给你一天时间，从太阳升起的时间算起，直到太阳落下地平线，你能用步子圈多大的地，就给你多少地。不过，如果傍晚时不能回到起点，你将不能得到一寸土地。"

这人心想："那我这一天辛苦一下，多走一些路，岂不是可以圈很大的一块地，这样的生意实在太划算了！"于是他就签订了合约。

太阳刚一露出地平线，他就迈着大步向前疾走，到了中午的时候，他回头已看不见出发的地方了才拐弯。他的步子一分钟也没有停下，一直向前走着，心里想："忍受这一天，以后就可以享受这一天的辛苦带来的欢悦了。"

他又向前走了很远的路，眼看着太阳快要下山了，他心里非常着急，因为如果他赶不回去就一寸地也得不到了，于是他走斜路向起点赶去。可是太阳也马上就要落到地平线下面了。于是他加快了脚步，只差两步就到达起点了，但是他的力气已经耗尽，倒在了那里，倒下的时候两只手刚好触到了起点的那条线。那片地归他了，可是他再也没有起来。

禅师讲完，沉默不语，弟子却已经知道了自己想要的答案。

对一个不知足的人来说，欲望永远没有被满足的时候，能让他们停下追逐脚步的只有死亡。欲望就好像一团烈火，柴放得越多，火烧得越旺，火烧得越旺，就越有添柴的冲动，最后常常是忙里忙外，火急火燎地把自己匆匆烧尽了。

少一些欲求，多一分知足，生活自然美好。懂得人生的人，从来不觉得自己没得到的东西可以为自己提供幸福和快乐，他们都是在已经拥有的东西中寻找快乐。